JN228198

事実はなぜ人の意見を変えられないのか

説得力と影響力の科学

ターリ・シャーロット 著
上原直子 訳

The Influential Mind

What the Brain Reveals About Our Power to Change Others

Tali Sharot

白揚社

ジョシュへ

事実はなぜ人の意見を変えられないのか　目次

はじめに――馬用の巨大注射針　7

1　事実で人を説得できるか？（事前の信念）　17
データでは力不足／賛成意見しか見えない／グーグルはいつもあなたの味方／賢い人ほど情報を歪める？／なぜこうなってしまったのか／投資と信念／新しい種をまこう

2　ルナティックな計画を承認させるには？（感情）　45
同期する脳／感情という名の指揮者／カップリング／気持ちを一つに／インターネットの扁桃体／あなたの心は唯一無二？

3　快楽で動かし、恐怖で凍りつかせる（インセンティブ）　69
手洗いと電光掲示板／二人の主権者／接近の法則と回避の法則／進むべきか、止まるべきか／期待が行動を導く／「死んだふり」／いますぐちょうだい！／未来はあてにならない／脳の自動早送り機能

目次

4 権限を与えて人を動かす（主体性）　99

恐怖vs.事実／コントロールを奪われて／納税はなぜ苦痛なのか？／「選ぶこと」を選ぶ／選択の代価／健康で幸福な老人／自分で刈った芝生は青い

5 相手が本当に知りたがっていること（好奇心）　129

ギャップを埋める／情報は気持ちいい！／良い知らせ、悪い知らせ／知らぬが仏？／頭の中の巨大な計算機／知らずにいることの代償／エゴサーチが怖い

6 ストレスは判断にどんな影響を与えるか？（心の状態）　157

プレッシャーが招く悲観主義／弱小チームはなぜ安全策をとるのか？／リスクの冒し方／扁桃体を手なづける／晴れの日とギャンブル

7 赤ちゃんはスマホがお好き（他人 その1）　181

生まれた日から始まる社会的学習／シンク・ディファレント？／メルローを注文する奴がいたら俺は帰る！／アマゾンレビューを操作する／他人の意見と記憶の改変／最初に飛び込むのは誰？／心の理論

8 「みんなの意見」は本当にすごい？（他人 その2） 209
多いほど正しくなる？／人間体温計／わが道を行くことの難しさ／個人の中の賢い群衆／雪だるま式に膨らむバイアス／平等バイアスにご用心／びっくりするほど人気の票

9 影響力の未来 237
二つの脳をつなぐワイヤ／私の思いがあなたを動かす／私は私の脳である

謝辞 251
訳者あとがき 255
本書について 259
付録 265
註 283
索引 285

はじめに――馬用の巨大注射針

人は誰しも何らかの役割を担っている。自分の役割について深く考えない人もいれば、絶えず意識している人もいるだろう。夫や妻として、親として、友達として、あなたはその役割を果たしている。また、医師や教師、ファイナンシャルアドバイザー、ジャーナリスト、経営者として、そして何よりも人間としての役割を、日々果たしているに違いない。

すべての役割に共通する責務は、相手に影響を与えることである。私たちが子供にものを教え、患者の手助けをし、クライアントの相談に乗り、友人には手を差し伸べ、SNSのフォロワーに情報を提供するのは、それぞれが他人とは違う経験、知識、技術をもっているからだ。しかし、私たちはその責務をうまく果たせているのだろうか？

とても重要なメッセージをもつ人や、最も役立つ助言のできる人が、必ずしも絶大な影響力をもつわけではないように私は感じる。怪しげなバイオ技術に数十億ドルを投資するよう説得できた企業家がいる一方で、地球の未来のために取り組むよう国民を説得できなかった政治家もいる。近年の歴史はそのような謎だらけだ。だとしたら、他人の考え方に影響を与えられるか、それとも無視されるかの違いはどこにあるのだろう？　逆に、あなたが他人の影響で自分の信念や行動を変えるときの決め手は何なのだろうか？

あなたという存在はあなたの脳が作り上げている、というのが本書の基本となる前提だ。心をよぎった考え、抱いた感情、下した決断——それらはすべて、脳内のニューロン〔神経細胞〕が発火することによって生み出されている。とはいえ、頭蓋骨の中に鎮座しているその脳は、完全にあなたのものというわけではない。それは、何百万年という歳月をかけて書かれ、書き直され、編集されてきた遺伝情報による産物でもあるからだ。その情報を知り、そのように書かれてきた理由を理解すれば、他人の反応をより正確に予測することができるだろう。また、ついやってしまいがちないくつかの方法では人を説得できないのに、違う方法なら成功するのはなぜかもわかってくるはずだ。

この二〇年間、私は人間の行動について研究を重ねてきた。人が決意を翻したり、信念を新たにしたり、記憶を書き換えたりする仕組みを知るため、仲間とともに数多くの実験を行っている。インセンティブ、感情、前後関係、社会的状況に体系的な操作を施したうえで、人々の脳内を覗き、身体反応を観察し、行動を記録してきたが、それによって明らかになったのは、多くの人が「こうすれば他人の考えや行動を変えることができる」と信じている方法が、実は間違っていたという事実だ。他人の考えを変えようとするときに犯しがちな誤りと、それが成功した場合の要因を明白にすることが本書の目的である。

まずは、私の身近に起こった話から始めたい。私は危うくある男性から、科学者としての長年の経験に背く決断を促されそうになった。その男性は予想を絶する影響力で、世の人々をけむに巻いている。

＊　＊　＊

二〇一五年九月一六日の夜八時頃、私は居間のソファにすわって、CNNで共和党の第二回候補者討論会を見ていた。二〇一六年の大統領選はアメリカ史上きわめて興味深く、予期せぬ展開や驚きに満ちていた。結果として、人間の本質を知るうえでも魅力的な研究対象となった。

カリフォルニア州シミバレーにある、ロナルド・レーガン記念図書館。そのステージ中央に立っているのは二人の最有力候補者である、小児神経外科医のベン・カーソンと、不動産王ドナルド・トランプだ。移民問題と税金に関する討論の合間に、自閉症についての議論が持ち上がった。

「カーソンさん」と司会者が問いかける。「ドナルド・トランプ氏は、子供のワクチン接種と自閉症に関連性があると、公の場で何度も主張しています。これに対して医学関係者は強く異を唱えていますが、小児神経外科医であるあなたも、トランプ氏はこの発言を慎むべきだと思いますか？」

「このように言わせてください」カーソンは答えた。「これまでに非常に多くの研究が行われてきました。しかしワクチンと自閉症の相関を示す結果は報告されておりません」

「では、トランプ氏は自閉症の原因がワクチンだという発言を控えるべき？」司会者が繰り返す。

「いま申し上げたとおりです。その気があるのなら、そうした研究論文をお読みになるといい。彼は頭の良い方ですから、真実を知れば正しい判断を下せるでしょう」

私はカーソンの考えすべてに賛同するわけではなかったが、この件に関しては同意していた。神経科学者という職業柄だけでなく、当時二歳半と生後七週間の二人の子をもつ親として、たまたまそのような文献に触れる機会が多かったからだ。だからこそ、トランプの次の言葉に対する自分自身のリアクションには驚愕した。

「私に言わせてもらえるなら、自閉症はいまや流行病ですよ……すでに制御できなくなってきている……小さな可愛らしい赤ん坊を連れてきて、注射をする――子供用なんかじゃなくて、その注射器は馬に使うようなばかでかいものに見える。実例ならたくさんありますよ。私どもの従業員の話ですが、つい先日二歳の子が、二歳半の可愛らしい子供が、ワクチンを受けに行った一週間後に高熱を出しました。その後ひどく悪い病気になり、いまでは自閉症です[1]」

私が即座に示した反応は本能的なものだった。看護師が馬用の巨大な注射針を私の赤ちゃんに突き刺すイメージが頭に浮かんで離れない。予防接種に使われる注射器が普通サイズのものだということくらい、百も承知のはずなのに――私はパニックに陥った。

「どうしよう？　うちの子が自閉症になったら」。そんな考えが頭をかすめること自体ショックだったが、それでもなお、親であれば誰もがよく知る不安という感情が、たちどころに心を支配した。

カーソンが切り返した。「しかしですね、ワクチンが原因となった自閉症などないことは、実際に十二分に立証されているんですよ」

そうだ、ちゃんと立証されている。カーソンはいくらでも研究論文を引っ張り出してきてくれるはずだ。それでも、私の頭の中に巻き起こった嵐は鎮まろうとしない。馬用注射器の太い針が襲いかかり、私の赤ちゃんは病魔に冒される。

しかしどういうことなのか。一方の演台に立つのは小児神経外科医で、数々の医学論文や長年の臨床経験などの強みがある。もう一方の別の演台に立つのは実業家であり、その主張はつまるところ偏見と直感の産物だ。それなのに、長いあいだ科学者としての訓練を受けてきた私が、後者に説得されそうになるのはなぜなのか?

答えははっきりしていた。だから私は現実に戻ることができた。

カーソンが「知性」を狙ってくるのに対して、トランプはその他すべての部分に訴えかけてくる。しかも彼は、それを定石どおり、こんなふうにやってのけた。

トランプは、状況をコントロールしたいという人間の根源的欲求と、そうしたコントロールを失うことへの不安を巧みに利用した。彼は他人の失敗を例に挙げて感情を誘導することによって、聴衆の脳の活動パターンを自分と同期させ、彼の視点を通じてものを見るように仕向けたのだ。そうやって、彼の忠告に従わなければ悲惨な結末が待っていると信じ込ませようとした。のちに説明するとおり、不安を植えつけるというのは、人を説得するアプローチとしては弱い。実際のところ、希望をもたらす方がずっとうまくいく場合が多い。しかし次の二つの条件下では、不安がうまく機能する。ⓐ「何もしない」ように仕向けようとしている。ⓑ説得する相手がすでに不安定な状態にある。これら二つの基準はここでも満たされている。ⓐトランプは予防接種を「受けない」ように働きかけており、ⓑ彼のターゲットである若い親は「不安」の代名詞的存在だからだ。

トランプがどうやって思考に影響を与えたのかを理解して初めて、私は立ち止まり、状況を見直すことができた。この件に関して私は意見を変えない——長女に以前そうしたように、幼い息子にも予防接種を受けさせるつもりだ。けれども、いったいどれだけの若い両親が、彼の意見に動かされてしまうのだろう? もしもカーソンが、人々が真実を知ってから正しい判断をするのを待つのではなく、彼らの欲求や願望、意欲、そして感情にもっと適切に働きかけていたら、どうなっていただろう(カーソンのやり方がなぜ失敗しやすいのか、他にどんなやり方があったのかは、第1章で紹介する研究を読めば明らかになる)。数百万人の視聴者に語りかけていたカーソンは、状況を改善するまたとない好機を逸してしまった。だが、これは誰もが経験する状況でもある。日常的に何百万人と接することはなくても、自宅で、職場で、ネット上で、実生活で、私たちは毎日誰かと接触しているからだ。

実のところ私たちは、情報を伝えたり意見を述べたりするのが大好きだ。オンライン上ではこれが顕著に見てとれる。毎日休みなく、四〇〇万のブログ記事が書かれ、八〇〇〇万枚の写真がインスタグラムに投稿され、六億一六〇〇万件のツイートがサイバースペースに放たれているのだから。これは一秒に七一三〇ツイートという計算である。これらすべてのつぶやき、ブログ、投稿された写真の背後にいるのは、あなたや私のような人間なのだ。なぜこんなにおびただしい数の人たちが、貴重な時間を膨大に費やして、毎日情報を共有しようとするのだろう?

どうやら他人に情報を与える機会は、内的な報酬をもたらすようだ。ハーバード大学が行った研究では、人は自分の意見が他人に広まるならば、進んで金銭的利益を見送る傾向にあることがわかっている。[2] ここで述べているのは、考え抜かれた見識についてではない。バラク・オバマはウィンタースポーツを好むのか、紅茶とコーヒーはどちらがおいしいか、といった平凡な話題についての意見である。脳をスキャンすると、自分のとっておきの知恵を他人に伝える機会を得たとき、脳内の報酬中枢が大いに活性化するのがわかる。意見を伝えるときの喜びを知っているからこそ、人は他者とコミュニケーションを取ろうとするのだ。これは私たちの脳がもつ見事な特性だ。というのも、この特性のおかげで知識、経験、アイデアがそれを初めて手に入れた人の中に埋もれにくくなり、私たちの社会もそこから様々な恩恵を受けられるのだから。

もちろん、そうなるには情報を流すだけでは十分ではない。反応を引き起こすことが必要だ――スティーブ・ジョブズはこれを「宇宙にへこみをつける」と適切に表現している。意見や知識を伝達するとき、そこには影響を与えたいという意志が伴う。目的とする変化は大小様々だ。社会的大義への関心を高めたいのかもしれないし、売り上げを伸ばすため、もしくは芸術や政治への人々の考え方を変えるためかもしれない。子供の食生活を改善するため、人々に与える自分の心象を変えるため、世の中の仕組みをもっとよく理解してもらうため、チームの生産性を向上させるため、あるいは仕事を休んで南国へ家族旅行をしようと夫を説得するためかもしれない。

だがここで問題がある。私たちは自分の頭の中からこの作業に取りかかってしまう。つまり、誰かに影響を与えたいとき、何よりもまず自分自身を念頭に置き、自分にとって説得力があるもの、自身の心理状態、欲望、目標などを考えるのだ。しかし当たり前のことだが、目の前にいる人の行動や信念に影響を与えたいのなら、まずその人の頭の中で何が起こっているのかを理解し、その人の脳の働きに寄り添う必要がある。

カーソンを例に挙げてみよう。経験豊かな医師で科学者でもある彼は、ワクチンが自閉症の原因ではないことをデータによって確信していた。それゆえに、同じデータを読めば他の誰もが納得すると思い込んだ。しかしながら人間は、情報に対して公平な対応をするようには作られていない。数字や統計は真実を明らかにするうえで必要な素晴らしい道具だが、人の信念を変えるには不十分だし、行動を促す力はほぼ皆無と言っていい。相手が一人でも大勢でも――部屋いっぱいの潜在的投資家でもただ一人の配偶者でも――同じことだ。気候変動について考えてみよう。地球温暖化に人類が関与していることを示すデータは山ほどあるのに、世界の五〇％の人々がそれを信じていない。[3] 政治についてはどうだろう。民主党の大統領が国を発展させたと示すどんな数字も、筋金入りの共和党支持者は受け入れないだろうし、その逆も同じだろう。健康については？　運動が身体に良いというのはたくさんの研究で立証され、信じる人もたくさんいるが、悲しいことにその知識だけで人々を歩かせたり走らせたりすることはできない。

実のところ、今日の私たちは押し寄せる大量の情報を身に受けることで、かえって自分の考えを変えないようになってきている。マウスをクリックするだけで、自分が信じたい情報を裏づけるデータ情が簡単に手に入るからだ。むしろ、私たちの信念を形作っているのは欲求だ。だとすれば、意欲や感情を利用しない限り、相手も自分も考えを変えることはないだろう。

＊　＊　＊

本書ではまず、影響を与えようとする人々の本能について説明を行う。脅して何かをさせようとする、相手が間違っていると主張する、コントロールしようとするなど、相手の考えや行動を変えたいときに陥ってしまいがちな習慣は、人間の心理にそぐわない。私たちの思考プロセスにはいくつかの核となる要素があるが、相手の気持ちを変えられるのは、それらの要素と一致したときであるというのが、本書の主張である。各章では、事前の信念、感情、インセンティブ、主体性、好奇心、心の状態、他人といった七つの重要な要素に注目し、それぞれがどのように影響を及ぼし、また妨げるのかを順を追って検証する。

こうした要素を理解することができれば、自分が影響を与える側でも受ける側でも、その行動をしっかり評価することができる。本書の大部分は影響を与えようとする側の視点から書かれているが、時に立場を交代させて、「誰かの意見を聞いているとき、あなたの脳では何が起こっているのか」など、影響を受ける側からの見方も紹介している。物事の一面を理解すれば、別の一面も理解しやすくなるものだ。

人の心理に影響を与える要素を完全に把握するためには、まだまだたくさんの研究が必要だ。とはいえ、私たちがすでに獲得した知識も、部分的ではあるがきわめて重要なものである。たとえば、脳の報酬系と運動系のつながりについて理解すれば、その時々でアメとムチのどちらが効果的かを推測できる。またストレスが脳に与える影響を知れば、テロ攻撃直後に否定的なニュースを聞くと、人々が尋常ではない反応を示すことも納得できる。

本書とともに、私たちはいろいろな場所へ旅をする。ニューロンが絶えず情報伝達を行っているあなたの脳内から、人々の行動学的、生理的反応を記録している私の研究室を駆け抜け、外の世界にも飛び出していく。たとえばアメリカ東海岸の病院。医療スタッフに「手洗い」を徹底させあぐねていたその病院は、一日にしてほぼ九〇%まで手洗い順守率を高めることに成功した。コネチカット州の介護施設では、自分が状況をコントロールしているという感覚を増大させることによって、入居者の健康状態が改善した。ある一〇代の少女が住む地域では、数千人の人々が、少女が無意識に誘発したと思われる心因性の症状を訴えた。

私の疑問はいつも「なぜ」で始まる。なぜこの方法だと反応が返ってくるのに、あの方法ではだめなのか？　なぜジョンには返事をするのに、ジェイクを無視するのか？　それぞれの反応が生じる理由を理解すれば、毎日の生活で直面する具体的な問題を解く手がかりが得られるかもしれない。

1　事実で人を説得できるか？（事前の信念）

テルマとジェレミアは幸せな結婚生活を送っている。意見が一致しないことはめったにない。子供の育て方や家計のやりくりで言い争うことはないし、政治や宗教に関しては同じ信条をもっている。似たようなユーモアのセンスや文化的嗜好を有し、職業まで一緒――二人とも弁護士である。しかし驚くにはあたらない。この種の調査では繰り返し実証されていることだが、結婚生活が長く続く一番の要因は、情熱でも友情でもなく、類似性なのである。一般的には正反対同士が引かれ合うと信じられているが、仮にそんなことがあったとしても、長続きしない場合が多いようだ。(1)

そんなテルマとジェレミアだが、ある話題に関しては意見が異なる。だが、これとても驚くようなことではなく、多くの夫婦はたとえ仲が良くても、数年にわたって平行線をたどっている問題が一つや二つはあるだろう。子供をもつべきか、もつなら何人か、仕事と生活のバランスをどうとるか、ペットにトカゲを飼うべきかモルモットを飼うべきか……。テルマとジェレミアの意見の違いは、将来どこに居を定めるかということだ。テルマはフランス生まれのフランス育ち、一方ジェレミアはアメリカで生まれ育っている。そして二人とも、自分の生まれ故郷が子育てに最適な場所だと信じている。

テルマとジェレミアに限ったことではない。調査によると、住む場所や働く場所、子育てや老後の生活に最適な場所として、多くの人が母国と答えている。祖国を永遠に離れたいと考えているのは、世界の成人の一三%にすぎない[2]。どうやら、わが家の芝生は一番青いらしい。どうしても移住を強いられたら、フランス人ならイギリス、オーストリア人ならスイスと、隣国を選ぶ傾向があるようだ。

残念ながら、テルマとジェレミアの問題を解決するには、中間をとるという方法は難しい。家族計画で悩んでいる夫婦が「子供を半分だけ」産むわけにはいかないのと同じで、ヨーロッパと北アメリカに挟まれた大西洋に家を建てるのは不可能だ。そうなったら解決策は、一方がもう一方に自分の考え方が正しいと納得させるしかない。

ならばこの夫婦にはお手のもの、とあなたは思うかもしれない。すでに述べたように二人は弁護士であり、陪審員を説得して味方につけることを一生の仕事としている。二人はともに、自分の専門である法律問題を扱うように夫婦間の問題に着手した。自らの意見を裏づける事実や数字を提示し、相手を打ちのめそうとしたのだ。ジェレミアがテルマに「生活費はアメリカの方が安い」というデータを見せれば、テルマはジェレミアに「フランスに住む弁護士の方が高収入」という数字を示す。ジェレミアがテルマ宛てのメールで「アメリカの教育システムの素晴らしさ」を説く記事を送れば、テルマは「フランスで育つ子供はより幸せ」と訴える記事を見つけてくる。ところが二人とも、相手がもってきた「証拠」は信憑性《しんぴょうせい》がないと一歩も譲らない。それどころか年月を経るにつれ、どちらも自分の考えにさらに固執するようになってくる。

多くの人が、テルマやジェレミアと同じ手段を取るだろう。言い争いや議論になると、「私が正しくてあなたが間違っている」ことを示す攻撃材料を突きつけたくなるのが、人間の本能なのだ。事実で裏づけられた論理的な主張を高らかに唱えるのは、それが自分たちにとても説得力があるように思えるからだ。しかし、夫や妻と口論になったときや、ディナーパーティーで深夜の政治談議になったときのことを思い出してほしい。あなたは誰かの信念を曲げることができただろうか？　あなたが練りに練った意見や綿密に調べたデータを、ノートに書き留めていた人はいるだろうか？　あなたの記憶が正しければ、悲しいかな、事実や論理は人の意見を変える最強のツールではないことがおわかりだろう。こと言い争いについて言えば、事実は人の考えを変えられるという私たちの本能は当てにならない。

データでは力不足

あなたの脳は、たいていの人の脳と同じように、情報から大きな喜びを得るようにプログラムされている。現代のデジタル時代は、だからこそ私たちの心をこれほど沸き立たせるのだ。農業時代には人々が簡単に栄養を摂取できるようになり、工業時代には生活の質が劇的に向上したが、この情報時代ほど私たちの脳にたくさんの刺激を与えた時代はなかっただろう。ついに人間の脳が、数々の絶叫マシーンを完備した独自のアミューズメントパーク建設に成功したかのようだ。しかもそれは、それぞれの脳にぴったり合うようにカスタマイズされている。

数字を見てみよう。世界にはおよそ三〇億人のインターネットユーザーがいて、毎日二五億ギガバイトのデータが作成され、四〇億回のグーグル検索が行われ、ユーチューブの動画が一〇〇億回再生されている。あなたが前の一文を読んでいる短い時間に、世界では約五三万二四三回のグーグル検索と、一一八万四三九〇回のユーチューブ再生が行われている計算だ(3)。

他人の考えを変えようとするとき、デジタル革命の到来は大変好都合なものに思われるかもしれない。人間が情報を愛する生き物なら、その信念や行動に影響を及ぼすのにデータを提示するより良い方法があるだろうか。大量のデータがいつでも手に入り、高性能のコンピュータが自由に使える今、私たちは分析を重ねて知識を深め、その結果もたらされた正確な情報を共有することができる。ごく単純なことではないか。

だがそう思えるのも、手間ひまかけて集めたデータや慎重に考え抜いた結論を、あなたが影響を与えたいと思っている人の前で述べようとするときまでだ。その瞬間、データが人の意見を変える役に立つとは限らないことに、あなたは気づくだろう。

この気づきは、科学者としての私に大きな打撃を与えた。認知神経科学という学問は、心理学と神経科学が交わるところを領域としている。したがって私も、多くの科学者と同じようにデータが大好きだ。希少な岩石を集める人もいれば、初版本や切手、靴、ヴィンテージカー、ビスクドールを収集する人もいるが、私の場合はデータだった。私のコンピュータには、何千というファイルの収まった何百というフォルダがあって、その一つひとつに大量の数字が収められている。すべての数字は、それぞれある実験結果を表す――意思決定問題への回答、他人への反応、脳活動、神経繊維の密度を示す数字もある。数字そのものが重要なわけではない。私がデータを愛するのは、その果てしない数字が美しい何かに姿を変えることがあるからだ。たとえば重要な意味のあるグラフは時に、あなたや私、つまり「人間」がなぜそのような行動を取るのか、思いもかけない見解をもたらしてくれることもある。

だから、私の落胆ぶりは想像がつくだろう。幾多の実験や観察から得たすべての数字が、まさか人間は事実や数字やデータに動かされないことを示しているなんて。これは人間の頭が弱いからでもなければ、どうしようもなく頑固だからでもない。私たちが影響を与えようとしている人の脳が何百万年も前からの産物であるのに対して、大量のデータ、分析ツール、高性能コンピュータが入手しやすくなったのは、ほんの二、三〇年前のことだからだ。結局のところ、人間がどんなにデータ好きであろうと、脳がそのデータを評価して判断を下すときに用いている価値基準は、私たちの多くが脳はこれを使っているに違いないと信じている価値基準とまったく別物だ。情報や論理を優先したアプローチは、意欲、恐怖、希望、欲望など、私たち人間の中核にあるものを蔑《ないがし》ろにしている。そうなると、これから述べるような難しい問題が生じてくる。他人の強固な意見を変えるのにデータは力不足だからだ。確立された意見をもっている人は、時に頑として考えを譲らない。たとえその意見をぐらつかせるような科学的証拠を突きつけられたとしても。

賛成意見しか見えない

チャールズ・ロード、リー・ロス、マーク・レッパーら三人の科学者は、アメリカの大学から「死刑を強く支持する学生」と「死刑に強く反対する学生」計四八人を選んで、全員に二つの研究結果を提示した。[4] 一つは極刑の有効性に関する証拠、もう一つは効果のなさに関する証拠を示した研究結果である。実はその資料は偽物で、ロードらがでっちあげたものだったが、そのことは伏せられていた。さて、学生たちはそれらの研究結果に納得しただろうか？　自らの考えを変え得る素晴らしい証拠を備えたデータだと信じただろうか？

答えはイエスである――ただし、その研究結果がもとの自分の考えを強化する場合に限って。死刑を強く支持していた学生は、有効性が立証された資料をよくできた実証研究と評価する反面、もう一方を不用意で説得力のない研究だと主張した。そして、もともと死刑に反対していた学生はまったく逆の評価をした。最終的に、死刑支持者は極刑へのさらなる熱意を抱いて研究室をあとにし、死刑反対論者はそれまでより熱い思いで死刑に反対するようになった。この実験によって、物事の両面を見られるようになったどころか、意見の両極化が進んでしまったのだ。

人工中絶や同性愛からケネディ大統領の暗殺に至る様々な議論において、情報は両極化を招きかねない。[5] ハーバード大学ロースクールの教授であり、オバマ政権下では情報・規制問題局（ＯＩＲＡ）局長を務めたこともあるキャス・サンスティーンと私は、気候変動についても同じことが言えるかどうか興味をもった。[6] 私たちはまず、実験参加者の気候変動に対する意見を調査した（人類が気候変動を誘発していると思うか、温室効果ガス排出の削減を目指すパリ協定に賛成するかなど）。参加者はその回答をもとに、人為的な要因による気候変動を強く信じるグループと、そうでないグループとに分けられる。その後全員に、「気候科学者の予測によれば地球の平均気温が二一〇〇年までに約一〇度上昇する」と伝え、彼ら自身にも二一〇〇年の気温上昇を予測してもらった。

ここからが本番である。参加者の半分は「著名な科学者たちがデータの見直しを行い、以前考えられていたよりもはるかに良い結果を数週間前に発表した。それによると、気温上昇は約二～八度までに抑えられるらしい」と告げられた。残りの半分は「著名な科学者たちがデータの見直しを行い、以前考えられていたよりもはるかに悪い結果を数週間前に発表した。それによると、約一二～二〇度も気温が上昇するらしい」と告げられた。その後すべての参加者が、自分の予測を立て直すよう求められた。

彼らは、専門家の判断を踏まえて予測を変えただろうか？　ここでも、自分がもっていた世界観に合う情報を得たときだけ、人々は意見を変えた。人為的な気候変動をあまり信じないグループは、以前考えられていたよりも状況が良くなったという明るいニュースに影響されたが（彼らの予測は約二度下がった）、気がかりなニュースは一切影響を及ぼさなかった。気候変動を強く信じるグループは、正反対のパターンだった――彼らは、状況がさらに悪化しているという科学者の考えには動かされたが、問題はさほど切迫していないという考えにはあまり影響されなかった。

新しいデータを提供すると、相手は自分の先入観（「事前の信念」と呼ばれる）を裏づける証拠なら即座に受け入れ、反対の証拠は冷ややかな目で評価する。私たちはしょっちゅう相反する情報にさらされているため、この傾向は両極化の状況を生み出し、それは時を経て情報が増えるたびに広がっていく。(7)

実のところ、自分の意見を否定するような情報を提供されると、私たちはまったく新しい反論を思いつき、さらに頑なになることもある。これを「ブーメラン効果」という。たとえばテルマは、ジェレミアが送ってくれたアメリカの教育システムの方が素晴らしいと論じる記事を読んで、たくさんの問題点を見つけた。「これはアメリカ人が書いた記事でしょ。彼らに何がわかるっていうの？　アメリカ人が教えているのは近代文学と新しい歴史だけ。古典文学や旧世界の物語には見向きもしないじゃない」彼女はそう思ったかもしれない。

テルマが何をしたかお気づきだろうか？　彼女は望まない証拠をばっさり切り捨てただけでなく、フランスの教育システムの方が優れていることの新しい理由を考えついた――これまで一度も考慮したことのなかった論点である。その結果、当初からの確信はさらに深まった。自分の確固たる考えを否定するような証拠を突きつけられて不快感を抱いたテルマは、反対意見を合理的に退け自説を強化することで、その否定的な感情を解消させたのだ。ジェレミアと結婚したことで、テルマはフランスにより強い愛国心をもった。もしも高校時代の恋人フランソワと結婚していたら、母国に対してこれほどの理想を抱くことはなかったかもしれない。

グーグルはいつもあなたの味方

誰もが同意するたった一つの真実など存在しない。一七八九年にベンジャミン・フランクリンがジャン＝バティスト・ルロワに宛てた手紙の中に有名な一節がある。「この世に確実なものは何もない。死と税金を除いては」。この言葉は、フランクリンがイギリスの小説家ダニエル・デフォーから借用したもので、デフォーは一七二六年の著書『悪魔の策略の歴史（*The Political History of the Devil*）』の中で、「死と税金ほど確実で信用できるものはない」と述べている[8]。「死と税金」の表現は広く用いられているが、どちらも実際には誰もが認める真実とは言い難い。冷凍保存や科学技術で死を免れると信じる人もいるかもしれないし、最期の時は必ず訪れるとわかっていても、死後に何が待ち受けているかについては様々な見方がある。また、脱税者や反対論者など、税金の必要性に異論を唱える人もいる。死と税金の確実さすら同意を得られないのだから、他のたくさんの「真実」に関して意見が割れることは容易に想像がつくだろう。

アメリカよりもフランスが住むのに適しているかどうかは、考え方の相違だ。死刑が倫理的に正しいのかどうかも、主観的な問題だ。それでは、そこに「決定的な事実」が含まれている場合はどうなるだろう。たとえば、「バラク・オバマはどこで生まれたのか」という疑問について考えてみよう。オバマの出生地をめぐる論争は、彼の国籍を疑問視するチェーンメールがばらまかれた二〇〇八年に始まった。(9) もしもアメリカ生まれでなければ、オバマは大統領の資格をもたないことになる。次いでこうした主張を裏づける証拠と言われるものが、インターネット上に書き込まれるようになった。これが大論争に発展したため、ついにオバマはその疑問に直接対応し、出生証明書の公開に踏み切った。しかし合衆国大統領が提示した正当な証明書も、人々の考えを変えるのに十分ではなかった。調査によると、無視できない割合のアメリカ人が、それでもなおバラク・オバマには大統領の資格がないと信じていたことがわかる。(10)

「この新しいメディア時代には、誤った情報を絶えず量産するメカニズムやネットワークが存在している」と、オバマは二〇一〇年に述べている。これは、大統領選挙から二年経ってもアメリカ人の二〇%(なんと五人に一人!)が大統領のアメリカ国籍を疑っていたことに対する彼なりの返答だった。(11) オバマは「メカニズム」や「ネットワーク」という言葉を用いて、テクノロジーが誤った情報の広がりを助長する事実に目を向けさせたかったのだろう。

今日の社会において、ある意見の信憑性を失わせる「データ」や「証拠」を見つけること——同時に自分の意見を裏づける情報を見つけること——は、かつてないほどたやすくなっている。たとえば、いちごは身体に良くない（皮が薄く農薬が残りやすい）、コーヒーにバターを入れて飲むと健康に良いといった内容の記事は、瞬時に手に入る。後者は一世を風靡した「完全無欠コーヒー《ブレットプルーフ》」である。どうやらこのコーヒーを飲めば、「認知機能が劇的に高まり」、「活力が六時間も維持され……体脂肪を一日中燃焼させるよう身体にプログラミングすることができる」らしい(12)。しかし次の瞬間、あなたは「実はいちごは栄養たっぷりで身体に良い」、「コーヒーにバターを入れるのは馬鹿げた考えだ」という記事を同じ数だけ見つけられるだろう。飽和脂肪酸自体は身体に悪いものではないが、それを大量摂取するように人類は進化していない。その結果、完全無欠コーヒーの常飲により、コレステロール値が著しく上昇したという報告も見られるそうだ(13)。

矛盾しているようだが、豊富な情報が得られるようになると、人は自分の意見にもっと固執するようになる。なぜなら、自分の考えを裏づけるデータを簡単に見つけ出せるからだ。これはたとえば、自分の属する人種が他の人種よりも遺伝的に優れているといったような極端なものの見方にも当てはまる。私たちは自分の見解を支持するブログや記事は注意深く読むが、別の考え方を示すリンクはクリックしようともしない。

だがこれは問題の半分にすぎない――もう半分は、水面下で情報の「いいとこ取り」が行われていることに、私たちが気づかないでいる点だ。情報は人知れずふるいにかけられているため、私たちの目の前に提示されるのは、もともと自分がもっていた意見に即したものが多くなる。つまりこういうことだ。グーグルなどの検索エンジンに調べたいキーワードを入力すると、あなたの過去の検索やウェブ履歴に基づいて、カスタマイズされた検索結果が表示される。(14) 言い換えれば、あなたが民主党支持者で、大統領候補者討論会の最新情報について調べようとすると、民主党支持者が、民主党候補者の優勢を信じて書いた最新記事やブログが多く提示される。そのリンク先には、あなたが以前訪ねたニュースサイトやご意見ブログ、またそれらに関連したサイトが含まれる。最初に表示された二〇件が民主党候補者のパフォーマンスを褒め讃えたものだとしたら、そのパフォーマンスは本当に素晴らしかったのだという印象が誰の心にも残るだろう。そのうえ、応援する候補者の優位性を示すさらなる証拠は、ツイッターやフェイスブックのフィードにも満載されているから、次の選挙結果に対するあなたの自信は一段と膨らんでいく。

　ただここで注目したいのは、あなたが共和党支持者だった場合、フィードに表示される内容がガラリと変わってくる点だ。というのも、あなたのツイッターやフェイスブックのアカウントは、別の共和党支持者のアカウントと多くつながっていると考えられるからだ。グーグルの検索結果もまったく違うものになるかもしれない。これは、グーグルが洗練されたアルゴリズムによって、あなたの興味や関心をそそる事柄を見通すからだけではない。検索の考慮には、位置情報も入ってくる。(15) グーグルは、あなたが探しているまさにその情報を提供したいと考えている。あなたが欲しているのは、海の向こう側のウガンダに住むピント氏よりも、近所に暮らすリアナが興味をもつ情報に近いかもしれない。これは妥当な推測である。こうしてあなたは、地元のユーザーが頻繁に閲覧するウェブサイトへのリンクへ行き着く。共和党支持者が多く住む州と、民主党支持者が多く住む州は決まっている傾向にあるから、あなたが少数派でない限り、「大統領候補者討論会」を検索すると、お気に入りの候補者を応援するサイトへのリンクが表示される。こうした操作は知らないうちに行われているので、私たちは自分の政治的見解、はたまた文化的嗜好や科学への信念について、ますます自信を深めるのである。

このプロセスは人を弱くする。自分とは異なる意見の潮流を知らずして、どうしたら合理的に真実を見分けることができるだろう。テクノロジーによって生じるこの確証バイアスを最小限に食い止めるには、次のような行動が有効になる。インターネット検索が自分の考えに合わせてカスタマイズされるのをできる限り抑えたければ、匿名ブラウジングを行うか、ブラウザに残った個人情報（位置情報など）を削除し、履歴を無効にすることだ。また、登録しているソーシャルメディアのアカウントを更新して、常連以外（一定の敬意はもっているが、自分とは違う見解を支持している人）ともつながるようにする手もある。たぶんその人たちも、フォローを返してくれるだろう。

私たちの意見を知らないうちに強化してしまう人為的な方法は他にもある。ソーシャル・フィードバック・ループと呼ばれるものだ。たとえば、あなたが素晴らしい新商品を見つけたとして、その胸躍る発見を友人全員に伝え、有用な情報をシェアしようとする。それは「スーパールーター」という名前の無線ルーターで、広い範囲で超高速通信を行うことができる。あなたは友人や身内にその話をし、ピンタレストやインスタグラムなどＳＮＳに投稿する。するとそれから二ヶ月ほどのあいだ、不思議なことが起こる。オンライン上であれ直接であれ、スーパールーターの話を知人からよく聞くようになるのだ。「最近出た超強力ルーターを知ってる？」、「これがあればネット生活が変わるらしいよ」。しかもそう言うのは親しい人ばかりではない——いまや誰もがスーパールーターを知っているようなのだ。ただしあなたは、この話題が広まるきっかけに自分自身が関わったとはあまり思っていない。大勢の人にアイデアやおすすめのもの、あるいは意見を伝えると、それを聞いた誰かが別の人に伝え、それがまた別の誰かに伝わる。ＳＮＳのつながりは複雑に絡み合っているから、巡り巡ってその意見が自分のもとに戻ってきても、自分が情報源だとは気がつかないだろう。それどころか、他の多くの人たちもまったく同じ意見をもっていると結論づけ、自分の見解をより強く信じるようになるかもしれない。

賢い人ほど情報を歪める？

自分の意見を裏づけるデータばかり求めてしまう傾向は、「確証バイアス」と呼ばれている。[16] 人間がもつバイアスのなかで、これより強いものはあまりない。言われてみれば、あなたもこんなタイプの人々を毎日目にしてはいないだろうか。自分の気に入らない意見には耳を貸さず、都合の良いことばかり受け入れる人たち。もちろん個人によって差はあるから、その程度は様々だろう。だが、バランス良く情報を取り入れる人がいる一方で、持論に合わない証拠には取り合わない人がいるのはなぜだろう？

もしもあなたが自分のことを、推論能力に長けていて数量に関するデータの扱いを得意とする、きわめて分析的な思考の持ち主だと考えているのなら、お気の毒さま。分析能力が高い人の方が、そうでない人よりも情報を積極的に歪めやすいことが判明しているのだ。[17] アメリカ全土から集められた一一一一人の参加者が、オンライン上で課題を行った。彼らの数量に関する能力や論理的思考を測るため、まずは一連の標準テストが行われた。その後、二種類のデータ群のうち一つが、「新しい皮膚発疹用クリームの効能についての研究結果」と称して参加者に提示される。参加者はそのデータをもとに、発疹用のスキンクリームが患者の肌を改善させているか悪化させているか、判断するよう求められる。この問題を解くためには、数学の素養が必要だ。当然ながら、最初の数学テストで高い点数を取った参加者は、スキンクリームのデータ分析も首尾よく行った。

二つ目のデータ群は、いくつかの都市での犯罪統計をまとめたものだ。参加者は次のような指示を受ける。「ある市では、公共の場において個人が銃を持ち歩く行為を禁止する法律の施行が検討されていました。銃を携帯する人数が減ることで犯罪が減少するか、それとも法律に従う市民が凶悪犯から身を守りきれず犯罪が増加するか、市は判断しかねています。この問題に対処するため、調査員は各都市のグループ分けをしました。一方は近年銃携帯の禁止令を定めた都市、もう一方は禁止令が制定されていない都市です」

参加者はデータを検証して、新しい法律が犯罪を増加させるか減少させるかを判断しなくてはならない。

実際には、スキンクリームにも銃規制にも、まったく同じデータが使われている。使用された数字も並び方も、すべて同一だ。それなのに参加者は、銃規制よりも新しいスキンクリームのデータとして数字が提示されたときの方が、正しい分析を行った。それはなぜだろう?

調査に参加した人たちは、新しいクリームの効果には大した興味がないから、計算力をいかして注意深くデータを分析し、合理的に問題に取り組む。しかし、多くの参加者は銃規制に対して熱い思いをもっており、その情熱が客観的なデータ分析を妨げてしまう。ここまでは、特に目新しいことはない——熱意が推論能力を損なわせるというのは、すでに学んだはずだ。興味深いのは次である。数学に強かった分析的思考の持ち主は、銃規制が犯罪を減少させるかという問いに、最も正確に答えることができなかったのだ。

こうした研究結果から、「自分本位な推論は知的でない人の特性だ」という思い込みは誤っていることがわかる。それどころか、認知能力が優れている人ほど、情報を合理化して都合の良いように解釈する能力も高くなり、ひいては自分の意見に合わせて巧みにデータを歪めてしまう。だとしたら皮肉な話だが、人間はより正確な結論を導き出すためではなく、都合の悪いデータに誤りを見つけるために知性を使っているのではないだろうか。だからこそ、誰かと議論するときに、相手に不利で自分に有利な事実や数字を突きつけたくなる衝動は、最適なアプローチではないのかもしれない。あなたの目の前にいるのがとても教養豊かな人だとしても、反証を挙げてその考えを変えるのは容易ではないことがわかるだろう。

なぜこうなってしまったのか

ここで疑問が生じる。なぜ私たちの脳は、根拠の確かな情報でも自分の世界観に合わなければ切り捨てるように発達してしまったのだろう？　こんな設計では多くの判断ミスを招きかねない。人類の進化の過程でこうした不具合が正されてこなかったのには、何か理由があるのだろうか？　誰の目にも明らかなこの欠陥には、もしかしたら然るべき原因が、ひょっとしたら利点すらあるかもしれない。

人間の脳が推論能力を発達させたのは、真実を発見するためではなく、他人に自分が正しいと説得するためだと結論づけた科学者もいる。[18] 彼らによると、人間は目の前にある証拠を、自説をより効果的に主張するための材料として評価しているという。そして議論が上手な人は、思い通りに事を進められる可能性も高くなる。この説は、確証バイアスやブーメラン効果の説明にもなるだろう。とはいえ、若干の物足りなさも禁じえない。人間の脳がただ議論に勝つために進化したというのは、説得力に欠ける気がする。それに、皆が確証バイアスをもっているなら、誰も他人を説き伏せることはできないのではないか。実際、影響力のある人物というのは柔軟な考え方をするものだ。

別の可能性を探ってみよう——既知の事柄に照らして情報を解釈するのは、正しいアプローチであることが多い。たいていの場合、世の中についてすでに知っていることと矛盾するデータに遭遇したとき、そのデータはやはり間違っている。たとえば誰かが、黄色いゾウが空を飛んでいるとか、紫の魚が地面を歩いていると主張してきたら、その人物は嘘をついているか妄想に取りつかれていると考えるのが普通だろう。情報を評価する際、すでに知っていることと比較するのが、一般的には正しいのかもしれない。

新しい信念が形成されるとき、四つの要因が関与する。もともともっていた信念（事前の信念）、事前の信念に対する確信、新しい証拠、そして新しい証拠に対する確信である。たとえば、親が幼い子供に「ゾウが空を飛んでる」と言われたとしよう。親は、ゾウは飛べないという強い信念をもっている。加えて、子供の意見に対する信頼度は低いので、それは子供の間違いだと判断する。次は逆を想像してみよう。とても小さな子供が、親に「ゾウが空を飛んでいるよ」と言われる。子供はまだ世の中への強い信念が固まっていないので、ゾウが空を飛べるのかどうかはっきりとわからない。そのうえ、親の意見はほとんど絶対と思っているため、ゾウは空を飛べると結論づける。

結局はこのような流れで信念が変わっていくのが自然なので、知っていることに固執するのは悪い習性とは言えない。しかしだからこそ、定まってしまった意見を変えるというのは、たとえそれが間違いだったとしても、一筋縄ではいかないものなのだ。

投資と信念

私たちには自分の意見にそぐわない証拠を無視する傾向があり、それが個人的な人間関係ばかりでなく、政治的見解にも影響を及ぼすことはすでに学んだ。それだけでも驚いてしまうが、経済問題についてはどうだろう？　人は金銭上の決断を下すときにも、情報を選り好みするのだろうか？　それを明らかにするために、私はアンドレアス・カッペス、リード・モンタギューらとともに、ある実験を行った[19]。

実験に協力してくれた参加者のなかにミリーがいる。ミリーは当時二〇歳で、ユニバーシティ・カレッジ・ロンドンで生物学を専攻していた。茶色いロングヘアーを束ねたポニーテール、七〇年代風の大きなフレームの眼鏡に縁どられたきらめく瞳が印象的な彼女は、多くの学生たちと同じように、家賃を払うために現金が少しばかり必要だった。だから、心理学科のホームページで実験に協力してくれるアルバイトの募集告知を見たとき、彼女はすぐさま飛びついた。研究室にやって来たミリーは、実験の相棒となるユアンを紹介される。ユアンも参加者の一人だったが、二人はこれが初対面だ。短い自己紹介から、ユアンが短期留学先の日本から帰国したばかりの心理学専攻の学生だということがわかる。

実験主催者のアンドレアスは、ミリーとユアンに、これから不動産の評価に関するゲームを始めてもらうと説明した。二人が良い仕事をすればするほど、たくさんの金額を稼ぐことができる。不動産に対するミリーとユアンの知識は、ロンドンでアパートを借りた経験に基づくものしかない。それでも彼らはやる気いっぱいでゲームに臨んだ。

アンドレアスの説明に続いて、ミリーとユアンは別の部屋に案内された。二人はそれぞれコンピュータに向かい、二〇〇件ほどの不動産物件を見せられる。どの物件にも、写真や周辺情報、間取りといった、本物の不動産サイトで見られるような情報が添えられている。そこで彼らは、各物件に一〇〇万ドル以上の価値があるのか、ないのかを答えなくてはならない。そのうえで、それが当たっていることに賭けてもいい金額を示す。

たとえば、ウェストハリウッドにある3《スリー》ベッドルームの一戸建て、三六八平米、プール付き――売値は一〇〇万ドルよりも上か下か？　ミリーは一〇〇万ドル以上と判断し、その答えに二ポンドを賭ける。正解なら二ポンドがもらえるが、不正解なら二ポンドを失う。賭け金を入力したあと、ミリーはユアンの答えと賭け金を知ることができる。今回はユアンと答えが一致しなかった。彼は家の価格が一〇〇万ドル以下と信じ、その答えに三ポンドを賭けていた。

ゲームのルールでは、ミリーは答えを選び直すことはできないが、賭け金を変えることはできる。ユアンが正しいと思えば賭けをやめることもでき、そうすれば勝ちも負けもなくなる。もしくは賭け金を一ポンドかそれ以下に減らすこともできるし、お望みならば増やすこともできる。

大半の参加者と同じように、ミリーは何もしなかった。ユアンが違う意見だと知っても意に介さなかったのだ。それはそうかもしれない。そもそもミリーがユアンの言うことを聞く理由があるだろうか？　彼は心理学を専攻する学生で、本物の不動産業者ではない。知識においてはミリーとそう変わらないと思われる。そう考えれば、ミリーの決断は賢明だ。ただしそれでは説明のつかないことがある。ユアンが同意見だったとき、彼女は賭け金を上げたのだ。言い換えるなら、ユアンがミリーと同じ判断を下したとき、彼の意見は投資額を増やすに足るほど信頼のおけるものとなった。しかし彼が別の見方をしたとき、その意見は価値がないとみなされた。

ミリーの例は珍しいものではない。実験参加者たちは概して、物件に対する評価がパートナーと一致していれば、かなりの割合で賭け金を増やしたが、一致していなかったときには、十中八九何もしなかった。パートナーはまったくの同一人物であるにもかかわらずである。人間の心は、従来の自分の考えに最も好都合な意見を快く採用するようだ。

この研究は、ある重要な点を明らかにしている。ご承知のとおり、人間は社会的影響を非常に受けやすい。私たちはほぼ無意識のうちに流行を追い、他人をまねる（人間がもつ社会的学習への強い傾向については、本書の後半で取り上げる）。しかしその一方で、いったん決断したり意志を固めたりすると、違う考え方を取り入れるのは難しい。事前の決断や信念の前では、社会的影響も役に立たないのかもしれない。

私たちの研究結果は、古典的な経済学の仮説、すなわち、投資家は過去の決断にかかわらず新しい情報（他人の意見など）から学ぶことができるという考えとは矛盾しているようだ。この仮説の間違いを指摘するように、人々は自分の投資を支持する情報は重んじたが、自信を失わせる情報は軽視した。

ノースカロライナ大学の神経経済学者カメリア・クーネンらによる研究を見てみよう。[20] クーネンは約五〇名の実験参加者を募って、投資に関する一〇〇の決断を下してもらった。それは、リスクのある株を選ぶか、元本が保証された安全な債券を選ぶかというもので、それぞれの決断のあとに現時点での配当金が知らされ、再度選択の機会が与えられた。その結果、自分が株を選んで、なおかつそれが高配当だったら、人はそれが良い選択だったと思う傾向にあったが、株を選んで残念ながら低配当だったとき、人はそれを悪い選択だったと思うどころか、新しいデータ自体を無視してしまう傾向にあった。

不動産に関する意見がユアンと一致しなかったとき、ミリーの事前の判断が相手の意見を聞く能力を妨げてしまったように、株式投資に関する新しいデータが自分の選択となじまなかったとき、事前の判断は予測を立て直す能力を阻害した。どんな分野であっても、人は事前の決断に反した情報を軽視する――たとえそれが経済的な負担をもたらしかねないとしても。

クーネンらが観察したのは行動だけではなかった。参加者の脳活動を記録し、頭の中で実際に起こっていることを把握しようとしたのだ。すると、事前の判断にそぐわないデータを受け取ったとき、参加者の脳が「シャットオフ」していることがわかった（注・あくまでも比喩的表現で、脳が文字どおりシャットオフするわけではない）。たとえば株式投資を選んでそれが低配当だとわかったとき、脳の反応は低下したが、反対に新しいデータが自分の選択の正しさを裏づけたときは、脳の広域で活性化が認められた。アンドレアスと私も、実験中に似たようなパターンを目撃した。誰かが自分と同様の選択をしたことがわかったとき、脳は敏感に反応したが、異なる選択をしたと知ったときの反応は薄かった。

このような研究結果は意外に思われるかもしれない。というのも、自分の間違いを認識したとき、脳内には「予測誤差信号」と呼ばれる大きな反応が生じることが知られているからだ。しかし前述の研究から、ある信念や活動にすでに傾倒している場合、それが間違いだと示す証拠は無視されがちであることが明らかになった。人はそのようなデータを信憑性がないと解釈する。新しい証拠が自分の目に「無効」と映れば、わざわざ関心を寄せることはない。

だとしたら、信念を変える方法はあるのだろうか？　もちろんある――ご存じのとおり、いつまでも不変な信念は存在せず、意見は往々にして発展していくものだからだ。では、どうしたら変化が起こるのだろう？

新しい種をまこう

次のシナリオを頭に思い描いてほしい。小児科医のあなたは、病院で忙しい一日を過ごしている。午後二時、予約患者である幼児が、父親に付き添われて健診に訪れる。身体検査を終え、子供の運動能力、言語、社会性について問診を行ったのち、あなたは予防接種の説明を始める。ところが父親は、MMRワクチン（麻疹《はしか》、おたふく風邪、風疹《ふうしん》の三種混合）についてひどく懸念している。このワクチンが自閉症のリスクを高めると聞いたからだ。

今では悪名の高い一九九八年の研究論文で、ワクチンと自閉症の関連性が初めて取り沙汰されて以来、予防接種を拒否する親は増えている。(21)論文の著者は、アンドリュー・ウェイクフィールド元医師とその研究グループだ。当時ウェイクフィールドは、ロンドンのロイヤル・フリー・ホスピタル・スクール・オブ・メディスンで名誉顧問を務めていた。彼の基本的な主張によると、麻疹、おたふく風邪、風疹のワクチンを三種混合で接種すると、子供の免疫システムに変化をもたらすことがあるという。それによって麻疹ワクチンが腸に入り込み、腸から特定のタンパク質が脳に流れ込む。そのタンパク質が神経細胞に損傷を与えるため、自閉症を引き起こすというのだ[22]。一流学術誌ランセットに掲載された論文はのちに疑問視されるようになり、その後数年に及んで調査が行われた結果、MMRワクチンと自閉症には関連性がないという結論が出された[23]。

しかし、ウェイクフィールドの研究によって燃え上がった炎は消えなかった。それを否定する十分な科学的証拠があるのに、多くの人はいまだに副作用の疑惑を恐れ、わが子のMMRワクチン接種を拒んでいる。その結果、麻疹の患者数は増加した。アメリカにおける二〇一四年の報告数は六四四例で、二〇一三年の三倍に増えている。

話を病院に戻そう。医者のあなたは厄介な任務を果たそうとしている。子供に予防接種を受けさせるよう、目の前の父親を説得しなければならないのだ。あなたはどのような方法をとるべきだろう？多くの人は本能的に、MMRワクチンが自閉症の原因ではないという科学的根拠を父親に示そうとするだろう。アメリカ疾病予防管理センターでも、ワクチン危険説を覆すためのアプローチがとられている。これは合理的な戦術に思われるが、うまくいかないことが研究からわかっている。なぜなら、情報は事前の信念に応じて評価されるからだ。新しいデータが、すでに確立した信念とかけ離れるほど、そのデータの信頼性は低く見積もられる。むしろ、危険説を一掃するためにMMRワクチンの話を繰

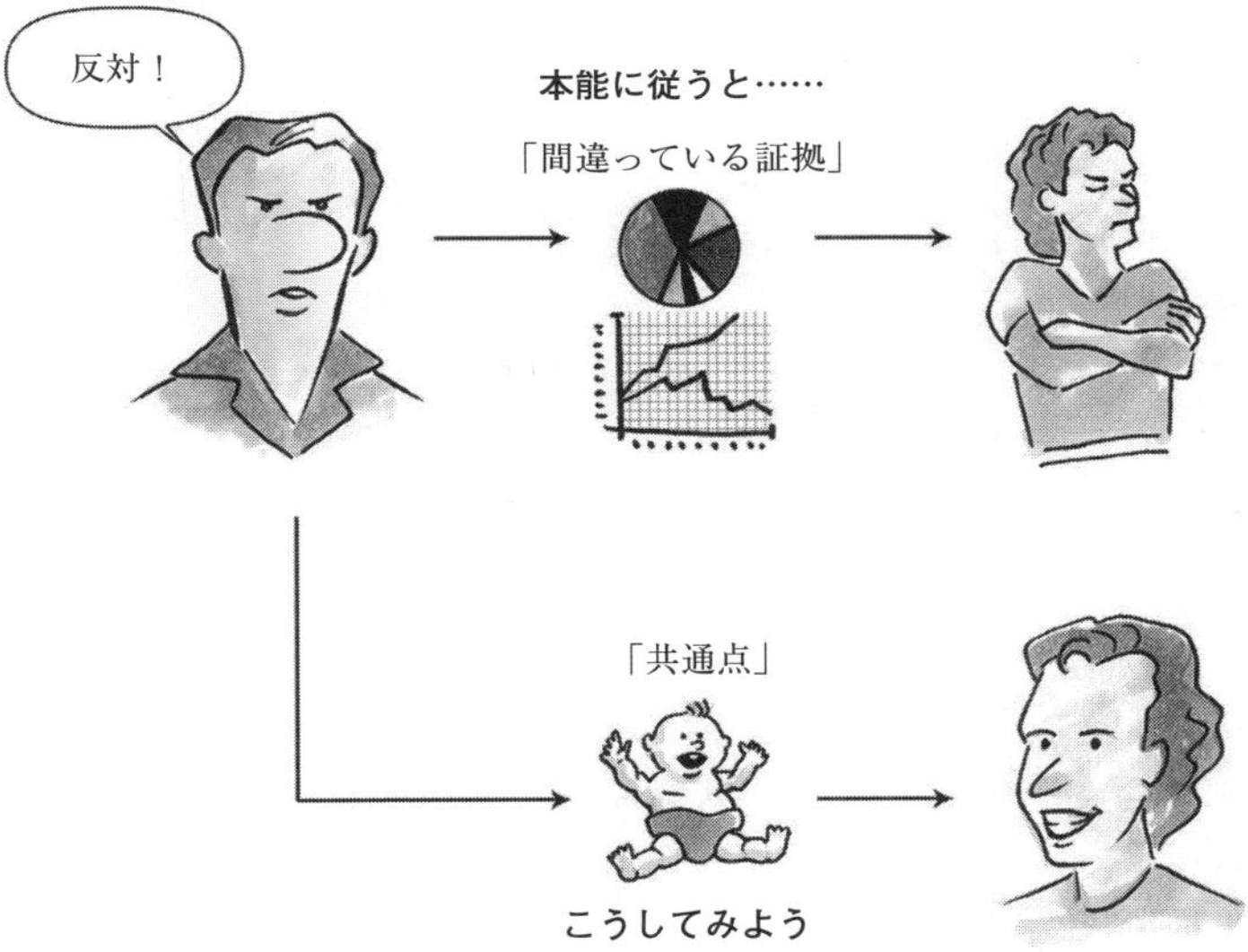

図1　事前の信念。間違いを証明しようとするのではなく、共通点に基づいて話をすることで、相手の行動に影響を与える。私たちは本能的に、自分が正しくて相手が間違っていることを示すデータを用いて、相手の言動を変えようと試みる。これがなかなかうまくいかないのは、「事前の信念」に反する事実を突きつけられると、人は反論に出るかそっぽを向くかするからだ。代わりに、相手との共通点に根ざした言い方を考えてみよう。子供の予防接種を拒否する親に「ワクチンと自閉症は無関係」という科学的証拠を示しても、親は考えを変えない。それよりも、ワクチンが命に関わる病気から子供を守ると伝える方が効果的だ――相手の事前の信念を否定することなく、子供たちの健康維持という共通の目的とも一致するからだ。

り返すことで、人々は反対証拠よりもその説自体を折に触れて思い出す羽目になる。

この問題を解決するため、カリフォルニア大学ロサンゼルス校とイリノイ大学アーバナ・シャンペーン校の心理学者たちは、新たなアイデアを思いついた。凝り固まった信念を払拭するのではなく、まったく新しい考えを植えつけようと試みたのだ。[24]彼らの推論によると、子供に予防接種を受けさせるかどうかの決断には、二つの要素が関わってくるという。ワクチン接種によるネガティブな副作用と、ポジティブな結果。ワクチン接種を拒否する親は、副作用の可能性（つまり自閉症のリスク増大）に対してすでに強い信念をもっている。この認識を変えようとしても抵抗にあうだけだ。研究チームは、MMRワクチンは自閉症を引き起こさないと説得する代わりに、同ワクチンが死に至る可能性のある病気を防ぐという事実を強調することにした。これは最も抵抗の少ない道である——ワクチンが子供たちを麻疹、おたふく風邪、風疹から守ってくれることを疑う理由はないのだから。研究チームは両者の共通性も見出した。両親にとっても医者にとっても、優先すべきは子供の健康だ。意見の食い違いよりも共通点に注目することで、変化は訪れるのである。

この策は実に効果的だった。MMRワクチンの副作用への不安を払拭しようとするよりも、子供たちを重病から守るワクチンの力を強調する方が、予防接種に対する意識に変化が見られたのだ。もとの考えを根絶やしにするのが難しいときは、新しい種をまくのが正解なのかもしれない。

＊　＊　＊

テルマとジェレミアを覚えているだろうか？　どちらの国に暮らすかで意見が対立していた弁護士夫婦である。ジェレミアはテルマに、アメリカの方が住むのに適していると説得しようとしているし、テルマはジェレミアに"Non! La France est mieux."〔いいえ、フランスの方がいい！〕と反論する。二人とも、あちらよりもこちらの方が望ましいもっともな根拠――バゲットか食パンか、ルーブル美術館かメトロポリタン美術館か――を見つけ出そうとするが、まるで結論は出ない。テルマはジェレミアの意見を気にとめないし、ジェレミアはテルマの言い分を無視する。問題は、相手の主張を受け入れることによって、自分自身の考えを捨て去らなければならないところにある。

もしもテルマが、ジェレミアの従来の考え方に反しない意見を提示したらどうなるだろう？　たとえば、「確かにアメリカは働くにも子育てするにもとても良い場所だけど、私はやっぱり自分の両親のそばで暮らした方が安心」と言ってみる。もしくは、ジェレミアがすでに重要に感じていることを証明するデータ――子供を育てるのに最適な国のトップ2はフランスとアメリカだとする調査結果などを見せてみるのは？　そうしたデータはジェレミアの持論に合致するから、きっと耳を傾けてくれるだろう。新しい情報は、彼がテルマの考えに寄り添うきっかけをもたらしてくれるかもしれない。逆に、アメリカは家族で住むような場所じゃないとテルマが訴えたとしたら、ジェレミアは聞く耳すらもたないだろう。

議論の内容が銃規制でも、フットボールでも、ワクチン接種でも、はたまた家庭問題でも、まずは相手の気持ちを考慮しなければ意見を変えることはできない。彼らのもともとの見解はどうなのか？

そう考えるに至った動機は？　何かを正しいと信じる強い動機の前では、決定的な反対証拠さえ役に立たない。フランスに戻りたいテルマは、母国の素晴らしさを表す記事やブログ、数字を探そうと奮い立った。死刑支持者たちは、極刑の有効性を示すデータを信じ、逆の統計の間違いを指摘しようと躍起になった。オバマ政権に反対する人々は、オバマがアメリカ生まれではないと信じる強い動機をもっていた。

　ある信念が、それ一つだけで存在することはめったにない。それらは別の信念や欲求と網の目のように絡み合っている。相手の持論を考慮すれば、自分ではなく相手にとって最も納得のいく議論の展開法が明らかになってくる。私たちは本能的に、自分が正しく他人が間違っている証拠を大量に抱いて議論に挑もうとしがちだが、それでは袋小路に入り込んでしまう。この章で紹介した研究からわかるように、反対意見をもつ人々は頭から拒絶するか、必死になって反証を探そうとするだろう。変化をうまく導くには、ゆえに共通の動機を見出せばいい。次章で詳しく述べるように、共通の目的を見つけたら、次に必要なのはメッセージが伝わるよう感情に働きかけることだ。

2　ルナティックな計画を承認させるには？（感情）

一九六二年九月のある暑い日、ジョン・F・ケネディ大統領は、ライス大学のフットボール競技場に立っていた。大統領がここテキサス州を訪問したのは、目の前の聴衆三万五〇〇〇人をはじめとしたアメリカの全国民に、あるプロジェクトへの協力を要請するためだ。六〇億ドル近い国家予算を費やし、なおも不成功に終わるかもしれないリスキーな計画。それは、人間を月に到達させるという文字どおり狂気じみた《ルナティックな》難題だった（1）。

あなたが一九六九年七月二一日以降に生まれたなら、ニール・アームストロングが地球唯一の衛星にまだ足を踏み入れていない世界を思い描くのは難しいかもしれない。だが、一九六〇年代初めにこの世に存在していたなら、生きた人間を月に送り込み、無事帰還させるという決断は、想像を超えるものだっただろう。

ケネディ自身、月を征服する必要性をはじめから確信していたわけではなかった。六〇年代終わりまでに人間を月に着陸させる目的でNASAが要求した予算案を、大統領はその一年前に却下している。彼の態度が一変したのは、宇宙開発競争でアメリカがソ連に二ポイントの差をつけられているのが明らかになったときだった。ソ連は世界初の人工衛星スプートニクを打ち上げただけでなく、ユーリイ・ガガーリンによる人類初の宇宙飛行を成功させていた。それを追い越すには、アメリカにはまだすべきことが山ほどあった。アメリカ側が初めて試みた人工衛星打ち上げでは、発射数秒後にロケットが爆発し、その一部始終がテレビで生中継され、「失敗衛星《フロップニク》」と揶揄された。宇宙に人間を送り込むのに成功したのはソ連の三週間後であり、アメリカ初の宇宙飛行士アラン・シェパードは、ガガーリンがしたように地球の軌道をまわらなかった。こうしたすべてがアメリカには屈辱となり、ソ連による宇宙支配への恐怖をもたらした(2)。

今度こそ負けるわけにいかないと痛感した大統領は、政府一丸となって月に目標を定めるべきだと考えた。両国ともまだ人類を月に着陸させる技術をもっていなかったのは、好都合だと言えた。アメリカが遅れを取り戻すチャンスになり得るからだ。

大統領がまずすべきなのは、月を目指す差し迫った必要性を国民に納得させることだった。夢を実現するには、国民の税金からかなりの割合が当てられることになる。しかし多くの国民の支持が不可欠なのは、税金だけが理由ではなかった。アメリカに暮らす大勢の科学者、技術者、エンジニア、その他専門家の協力がなければ目標は達成できない。この計画には国民の支持が必要であり、ケネディはそれを集めるためにライス大学のフットボール競技場にいたのだ。演壇に上がった大統領は、一七分四〇秒にわたって、「人類史上最も偉大な冒険[3]」に国家予算の約四％を費やすべきだと信じる理由を説いた。

反響は絶大だった。大統領が演説を終えたとき、近くのヒューストン動物園にいたライオン、キリン、ペンギンたちには、聴衆の沸き立つ歓声が聞こえたことだろう。この演説はアメリカ全土でヘッドラインを飾り、ＮＡＳＡへの注目は一気に高まった。とはいえ、ライス大学での演説や、ケネディが先に連邦議会で行った同じようなスピーチがなかったとしても、人間は月を目指しただろうとする考え方もある[4]。

私たちは、一人の人間が多くの人々に甚大な影響を与えることができる可能性を、あまり疑わない。演説や歌、物語の形をとって伝えられた考えが、何百万人もの心や行動を変えることもあるからだ。だがよくよく考えてみれば、あるアイデアを人の心から心へ伝播させるというのは、人間のもつ並外れた能力ではないだろうか。

同期する脳

あなたが最後に大勢の前で話をしたときのことを思い出してほしい。それは講義だったかもしれないし、職場でのプレゼンテーションや、結婚式での気恥ずかしい乾杯の挨拶だったかもしれない。全員の視線があなたに注がれている。目の前にいる人たちの頭の中で何が起こっているか、あなたは考えたことがあるだろうか。自分がしゃべっているときに、人々の表情や仕草を観察するのは興味深いことだ。ステージからはすべてが見渡せる。隅の方でツイッターに投稿している男性、最前列にすわって口をぽかんとあけている女性、後方には夢中でノートをとっている人もいる。しかし時折、聴衆が一つになることがある——同時に息を飲み、同時に笑い、同時に喝采するのだ。自分がその一員だったら、他人との一体感のようなものを覚えるかもしれない。

二〇一二年三月、私はそんな聴衆の中にいた。カリフォルニア州ロングビーチのテラスシアターで、年に一度のＴＥＤカンファレンスが開催されたときだ。私の講演はカンファレンス最終日に予定されていたので、その週は他のプレゼンターの講演を聞いて過ごした。

『内向型人間の時代』（古草秀子訳　講談社）の著者スーザン・ケインが話を始めると、聴衆の心は一様にステージに釘づけになった。彼女のスピーチがその後世間に影響を与えるであろうことは、ロングビーチにいたその瞬間からすでに明白だった。実際、私が本書を執筆している段階で、このスピーチの動画は一三〇〇万回再生され、内向型の人がもつパワーに関する彼女の説は広く知れ渡った(5)。聴衆は意識こそしていなかったが、あの日の午後、カリフォルニアの観客席に生まれた感覚は不思議な生理現象であり、ケインの成功を予測させるものだった。

私は、テラスシアターでケインの講演を聞いていた一三〇〇人の脳のニューロン発火を記録していたわけではないし、ライス大学の競技場でケネディの演説に耳を傾けていた三万五〇〇〇人の脳については、当時の技術では観察しようがなかった。それでも、彼らの脳内に何を見ることができたか、知識に基づいて推測することはできる。

プリンストン大学の研究グループは、人々に政治家の演説を聞かせ、そのあいだの脳活動をＭＲＩ（核磁気共鳴画像法）スキャナーで記録した。(6) この実験でわかったのは、力強い演説を聞いているとき、複数の聞き手の脳が「歩調を合わせる」ことだった。脳波は似通ったタイミングで上下し、まるで同期したかのように、脳の同じ領域が同じように活性化したり沈静化したりしたのだ。

この結果は意外ではないかもしれない。魅力ある演説が人々を引きつけるのは当然で、すべての聴衆が熱心に話を聞いていれば、脳のパターンも似てくるだろう。逆に、ペンキが乾くのを見守るくらいつまらなければ、聞き手の心は各々の世界へ漂い、同期することもないはずだ。ただ、明らかになったのはそれだけではない。

同期が認められたのは、言葉と聴覚に深く関わる脳の領域だけではない。それは物事の関連づけ、感情の生成や処理、そして他人への共感や同情に不可欠な領域でも認められた。力強い演説は人々の関心をとらえただけではなく（もちろんそれだけでも偉業だが）、各個人の性格や過去の経験を問わず、似通った反応を導き出した。言い換えれば、それが「レモンクレープを食べながらシェイクスピアを読むのが好きな自由主義の二四歳の女性」だとしても、「浜辺でウェイトリフティングを楽しむ保守主義の三七歳の男性」だとしても、演説が引き起こした広範囲の神経活動をＭＲＩで調べると、まったく違う二人の脳がそっくりに機能しているのがわかるのだ。

ケネディとケインは、自分の話に何百万人もの耳を傾けさせただけではなく、聴衆に自分と同じような気持ちを抱かせ、同じ視点からものを見せることに成功した。だからこそ、支持を得て前進することができたのだ。だが、それぞれのアプローチのどんな要素が、広範囲での同期（MRIで確認したわけではないが）を可能にしたのだろうか？

感情という名の指揮者

脳がいつ、どのように、なぜ同期するのかを調べる最初の試みは、二〇〇四年にイスラエルのワイツマン研究所で、マカロニウエスタンを利用して行われた[7]。MRIスキャナー内に横たわる実験参加者に「続・夕陽のガンマン」という西部劇映画を見せ、クリント・イーストウッド（善玉）、リー・ヴァン・クリーフ（悪玉）、イーライ・ウォラック（卑劣漢）のアクションを追う彼らの脳活動を記録したのだ〔映画の原題を直訳すると「善玉、悪玉、卑劣漢」となる〕。

ウリ・ハッソンとラファエル・マラクを筆頭とするワイツマンの研究者たちが、全参加者の脳活動パターンを調べると、それはほぼ足並みを揃えていた。ところが映画を見ているあいだ、個々の神経活動がオーケストラのようにとりわけぴったり揃う瞬間があった。そうした瞬間には、脳のなんと三〇％で同期が見られ、一人ひとりの脳反応を見分けるのが難しいほどだった。ハッソンとマラクは、この同期が発生した正確な時間を記録し、画面ではそのとき何が起こっていたのかを確認した。

最初に参加者の脳が似通った反応を示したのは、映画の筋に思わぬ展開が起きたときだった。二度目は大規模な爆発を含む場面、三度目と四度目は銃を発砲する場面、次の場面は再び銃、そして爆発……。パターンは見えてきた――脳が「一つになる」傾向が強くなるのは、映画の中で感情を掻き立てられる瞬間だった。不安を感じたり、びっくりしたり、高揚したりする場面に遭遇したときの脳の反応は、皆とてもよく似ていた。感情が脳の大部分を「ハイジャック」したためで、その乗っ取られ方は見分けがつかないほどそっくりなものだった。

考えてみればもっともな話である。感情的な反応というのは、身体が「おい！　何かすごく大変なことが起こっているぞ」と言っているようなもので、それに応じた行動を取ることがきわめて重要だ。その重要性から、人間の脳の大部分は、感情を喚起する出来事を処理し、何かしらの反応をすべく設計されている。感情に訴えるようなことが起きると、扁桃体《へんとうたい》（興奮の伝達に重要な脳の領域）の働きが活発になる。扁桃体は脳の他の部分に「警告シグナル」を送り、そのとき行っていた活動をすぐさま変化させる。あなたが背の低いデンマーク人女性であろうと、背の高いセルビア人の子供であろうと、すべての脳は感情を誘発する刺激に対して概ね同じような反応をするよう、前もってプログラムされているのだ。

例を挙げてみよう。いまこの瞬間、見知らぬ人が大きな刃物を持って部屋に入ってきたら、あなたの扁桃体は即座に反応を示すだろう。扁桃体は海馬に働きかけ、この出来事に関するあなたの記憶を強化する。また、大脳皮質の活動が変化し、あなたの注意は自然と刃物だけに向けられる。ホルモン分泌をつかさどる視床下部や、呼吸など身体機能に関与する脳幹という部位にも影響が及び、あなたは汗をかき始める。

もしもあなたが映画館にすわっていて、スクリーンでは「悪玉」が「善玉」に銃を向けていたとしても、あなたがそれに反応する必要はない。劇場の暗がりの中で、ライフル銃があなたや他の観客に脅威を与えることはないからだ。とはいえ脳の感情中枢は、状況を完全に理解するよりも速く反応するようプログラムされている。感情は原始的な反応なので、両隣にすわっている人たちにも同じような反応が起こるはずだ。あなたはスクリーンに繰り広げられる感情的な出来事に心を奪われる。他の皆も同じような生理的状態に陥っているため、ストーリーの展開は脳内で同じように処理される。感情は、無意識のうちに全員の注意を同じ方向に向けさせ、似たような心理状態をもたらしながら、脳の同期を助長する。このようにして、人々は似通った行動や世界観に駆り立てられるのだ(8)。

ケネディはテキサス州のフットボール競技場で、月を目指す計画のあらましを淡々と説明することもできた。スーザン・ケインはTEDカンファレンスで、社会の向上には内向型人間の力が不可欠だと証明する数字を単に観客に示すこともできた。しかしその代わりに、ケネディは迫る危機や宇宙開発のチャンスについて述べ、ケインは本の虫だった少女時代に参加したチアリーダー至上主義のサマーキャンプの思い出をユーモアたっぷりに語った。彼らは聴く者の感情に火をつけた。その反応が脳の同期をますます増進させ、聴衆の経験や認知は互いに類似性を増していった。

スピーチがもたらしたはずの重大な影響はもう一つある――聴衆の脳をケネディ、もしくはケインの脳と「カップリング」させたのである。

カップリング

多くの人にとってまんざらでもない質問がある。過去に同じことを何回訊かれていても、たいていの人がこの質問には熱っぽく答えてくれる。

それは「旦那さん（または奥さん）との馴れ初めは？」という質問だ。血みどろの離婚劇真っ只中でもない限り、訊かれた人は人生を決定づけた瞬間について事細かに説明してくれるだろう。注意して聞いていると、あなたはこんなフレーズを耳にするかもしれない。「出会った瞬間に縁を感じたの」、「最後まで聞かなくても、お互いの言いたいことがわかったんだ」、「初めて会った気がしなかったわ」。人はこのような感覚を「魔法」のせいにしたがる（そうでなければ、婚活サイトのマッチングアルゴリズムのおかげだと）。ところが、ハッソンはこれを「脳のカップリング」に起因するものと考えた。二人の人間が深く心を通わせたときに「波長が合う」と感じるのは、脳活動が同期した結果であり[9]、「理解し合った末にカップリングが起こるのではない。カップリングは、互いを理解するために備わった神経基盤なのだ」とハッソンは語っている[10]。

こうしたカップリングは恋愛相手に限られたものではない。ＭＲＩスキャナー内で他人の話を聞いているときにも起こり得る。次の実験では、プリンストン大学の学生たちの脳活動が記録された。彼らは装置に横たわったまま、ある若い女性（仮にアナベルと呼ぼう）が高校時代のプロム〔ダンスパーティー〕の思い出を語っている音声を聞かされた。(11) のちに学生たちのものと比較できるよう、音声を録音したときのアナベルの脳活動パターンも記録されていた。

アナベルは話し始めた。

「プロムについては、誰でもみんな特別なエピソードをもってると思うけど、でも、ちょっと聞いて。私はフロリダ州マイアミの高校に通ってた。まだ一年生で、高校生活が始まったばかり。あれはもうすぐ一二月だったから、高校生になって三ヶ月目くらいのことだった。チャールズっていう男の子にデートに誘われて。彼はイギリス人で、三年生で、すごくイケてて、でもちょっとシャイで、まあそんなことはどうでもいいんだけど、だから私は喜んで誘いを受けたの」

ユーモアとサスペンスを交えながら、アナベルの冒険譚は続く。それは地上から水中まで及び、未熟な恋、拒絶、流血、アルコール、警察官など、ベストセラーになくてはならない要素に満ちあふれていた。

実験に参加していた男子学生の一人を、仮にロナルドと呼ぼう。ロナルドのニューロン発火パターンを見ると、話を聞く彼の脳活動は、アナベルの脳活動にすぐさま同期したことがわかった。このパターンは、言語を処理する領域にとどまらず、広範囲の神経回路で見ることができた。しかし興味深いのはここからだ。しばらくすると、ロナルドの脳活動パターンがアナベルに先行し始める。聞き手の脳は、話し手が言おうとすることを予測して、いまや話し手の脳を先導していた。ロナルドの脳は次の展開を予期し、それによってアナベルの話をより深く理解しているようだった。

アナベルの話を聞いていたなら、あなたにもそれが大変感情豊かなものだったことがわかるだろう。彼女は心の高ぶりや不安や恐怖に彩られた内なる世界を、聞き手に覗かせてくれた。感情は同期に不可欠なわけではないが、その効果を高めてくれる。アナベルの感情を身体的に共有することで、ロナルドは話の筋道を追いやすくなり、その結果アナベルの目的や行動をより深く理解できるようになる。同じ視点に立てば、おのずと彼女の次の行動が見えてくるからだ。脳同期について研究しているフィンランドの神経科学者ラウリ・ヌメンマーは、神経活動の同期における感情の役割として、社会的交流および相互理解の促進や、ひいては互いの行動を予測する能力の向上を挙げている(12)。

政治家や芸術家など、伝えたいメッセージをもつ人は、感情を用いて聴衆を引きつけるよう助言されることがあるだろう。これは興味を喚起する方法だと考えられていて、確かに感情のこもった物語やスピーチは、より観客を刺激し関心を集めるように思われる。また、心を動かす映画や小説や歌が人気を集めることが多いのは言わずもがなだ。しかしヌメンマーの研究では、それ以上のことがわかっている。感情は聞き手と話し手の生理的状態をも結びつける。だからこそ聞き手は、入ってくる情報を処理するとき、話し手と同じような捉え方をしがちなのだという。たった一人と向き合っているときでも、大勢に語りかけているときでも、聞き手の感情を誘発することが、アイデアを伝えたり見解を述べたりする際の助けになる。言い換えると、私が楽しくてあなたが悲しかったら、私たちが同じ話を同じように解釈するのは難しい。でも、まず私が冗談の一つでも言ってあなたを私と同じくらい楽しい気持ちにできたなら、私の言葉を私と同じ捉え方で理解する可能性は高まるだろう。なぜならありがたいことに、感情は非常に伝染しやすいからだ。

気持ちを一つに

私はオリンピックが大好きだ。実を言うと、私が観戦を楽しむ一番の理由は、選手がとてつもない偉業を達成するのを見るためではないし、世界最速の走りや最長のジャンプを目撃するチャンスだからでもない。私にとっての大きな魅力は、そこに映し出される選手たちの生々しい感情だ。ゴールテープを切った女性アスリートの瞳に輝く純粋な喜び、表彰台に立つ競泳選手の頬を伝う歓喜の涙……。彼らの幸せは伝染していく。画面に映った選手たちの顔を見ていたら、あなたも自然に笑みを浮かべるだろう。どんなに冷徹な人の目も、勝者や敗者の涙につられて潤んでしまうかもしれない。

影響を与え合う最も強力な方法の一つが、感情を用いることだ。アイデアを共有するには時間と認知的な努力を要することが多いが、感情の共有には時間も手間もかからない。あなたが即座に労せず、たいていは無意識に得たその感情は、周囲の人々の感情に影響を及ぼし、周囲の人たちの感情もまた、あなたの感情に影響を及ぼす。[13] 同僚、家族、友人、そして赤の他人までもが、あなたの状態を表情、声のトーン、態度、言葉使いの変化から速やかに感じ取る。そして意識はせずとも、あなたが楽しければ周囲も楽しい気持ちになりやすく、あなたがイライラしていれば周囲もイライラするようになる。

私たちの脳が感情を素早く伝達し合うようにできているのは、周囲の環境に関する重要な情報を、感情が知らせてくれることがあるからだ。たとえば、あなたが怖がっていることを察したら、私も怖さに敏感になり、周囲に危険がないかどうか目を配るようになるだろう。これは私にとってもありがたい。なぜならあなたが恐怖を感じるということは、恐怖を感じるべきことが近くにある可能性が高いからだ。逆にあなたが喜んでいるのを察したら、私も喜びを感じやすくなり、何か良いものがないかと周囲に目を向けるようになる。あなたがワクワクしているということは、近くにワクワクさせるようなものがある可能性が高いのだから、これも優れた戦略と言えるだろう。こうしたことはすべて瞬時に起こり、考えを巡らせる暇はない。

他人の喜び、痛み、苦しみを感じる能力は、どうやら持って生まれたものらしい。もしもあなたに子供がいるなら、生まれたその日から、親の感情の起伏がどれだけ子供に反映されるかを知って驚いたことがあるだろう。心理学者のウェンディ・メンデスらによってサンフランシスコで行われた研究を例に考えてみよう。[14] 参加したのは、母親と一歳の赤ちゃん六九組だ。研究チームは母親にストレスを与え、その後の赤ちゃんの反応を観察した。ここでは二組の親子——レイチェルと息子のロニ、スーザンと娘のサラ——に的を絞ることにする。

研究室に到着したレイチェルとロニ、スーザンとサラは、心臓血管反応を測定するためのセンサーを身体に取りつけられた。これによって、親子のストレス状態が記録される。この時点では、誰もが穏やかで落ち着いていた。次に、赤ちゃんが研究員と遊戯室で遊んでいるあいだ、母親は課題を行うよう求められる。自分の長所と短所についてスピーチをするというものだ。ところが、レイチェルとスーザンの課題には重大な違いがあった。レイチェルが威圧的な審査員たちの前でスピーチをしなければならないのに対して、スーザンがスピーチをする部屋には誰もいない。

あなたが部屋の壁にとまったハエなら、一人で陽気にしゃべるスーザンの姿や、不機嫌な審査員の前でスピーチするレイチェルの姿を見ることができただろう。審査員の面々は苛立っているようで、しきりに首を振ったりため息をついたりしている。この試練をこなしたレイチェルの発汗量や心拍数が上昇し、スーザンが生理的に安定していたことをセンサーが示したのは、意外ではない。

その後、ストレスを受けたレイチェルはロニと、リラックスしたスーザンはサラと再会した。母親に反応して、子供たちの心拍数も変化したのだろうか？　自分の母親が課題をこなしているのを見ていたわけでもないのに、子供たちの生理的状態は自らスピーチを行ったかのように急激な変化を見せた。ストレスを受けた母親と再会したロニの一分間の心拍数は六拍増加し、リラックスした母親と再会したサラの心拍数は四拍減少した（注・ロニとサラはこの実験の象徴的存在であり、ここに挙げた値は参加した赤ちゃんの反応を平均したものである）。子供は母親の感情を意識的に汲み取ったわけではないが、その体内には同じ感情が沸き起こったようだ。彼らの生理状態は一番身近な人に同調したのだ。

こうした感情の伝達によって、ロニとサラは自分がどのような環境に身を置いているのか——予断を許さない危険な状況なのか、探索する価値のある喜ばしい状況なのか——母親を通じて察知することができる。実は、再会によって変化したのは生理的状態だけではない。行動にも影響が及ぶ。母親が帰ってきたあと、サラは他の研究員たちとも楽しげに触れ合ったが（ストレスのない状態を経験した他の母親の子供も同様）、ロニは他人を避け視線が合わないようにした（ストレス状態を経験した他の母親の子供も同様）。ロニは研究室にいる人々について「注意すべき」と悟ったようだが、サラは「信頼すべき」と学んだようだった。

感情とは本質的に、外部の事象や内なる思考に対する肉体の反応であり、重要なメッセージを運びながら人から人へ伝わっていく。メンデスの研究では、母親から子供へ伝わる情報に焦点を当てていたが、その逆もあることは言うまでもない。子供が泣き出すと、親はすぐさまその痛みを感じて、わが子の苦痛を和らげる手助けをしたくなる。

感情の伝達はどのような仕組みになっているのだろう？　あなたの笑顔がどうやって私の心に喜びを生み出し、あなたのしかめ面がどうやって私に怒りを覚えさせるのか？　そこには主に二つの経路がある。一つ目は無意識の模倣によるものだ。人間が、他人の仕草、声色、表情を常にまねてしまうことはよく知られている。これは反射的なもので、あなたが眉を少し上に動かせば私も同じようにしてしまいがちだし、あなたが息を弾ませていれば私の呼吸も速くなりやすい。ストレスで凝り固まっている人がいれば、まね好きな私たちの身体もこわばり、その結果自分自身もストレスを感じてしまう。二つ目の経路は、模倣ではなく単に感情が刺激されたことに対する反応である。これは至極単純だ。誰かが怯えた顔をしているときは、多くの場合、何か恐ろしいものがあることを意味している。だから私たちは、大きな斧を振りかざした人がこちらに突進してくるのを見たときのように、恐怖をもって対応する。

インターネットの扁桃体

誰かの行動を直接見ていなくても、その感情が波紋のように伝播していくことがある。それはソーシャルメディアへの投稿だ。のちに悪評を招いたフェイスブックの実験を例にとってみよう。[15]二〇一二年一月、フェイスブックは五〇万人を超えるユーザーのニュースフィードを操作し、あるユーザー群にはポジティブな投稿が、別のユーザー群にはネガティブな投稿が多く表示されるようにした。フェイスブックの研究チームによると、人が抱き合っている画像など、ポジティブな投稿を多く見たユーザーは、自分でも肯定的な投稿をすることが増えたという。逆に、飲食店のサービスへの不満など、ネガティブな投稿をたくさん見たユーザーは、否定的な投稿をする傾向が高まった。私たちは投稿した人の気持ちなど知る由もないのに、メッセージのポジティブさ、ネガティブさはネット上を急速に伝播していくらしい。ただしこの実験は、フェイスブック側の事前告知がないまま実施されたため、憤慨したユーザーらの不評を買った。

二年後には別の研究グループが、今度はツイッターを使って同じ主張を証明しようとした。[16]フェイスブック実験で生じた倫理問題を回避するため、彼らはユーザーのフィードを操作することなく観察のみに徹した。この設定では因果関係を伴う結論を導き出すのは不可能だ。とはいえ研究グループは、ユーザーが前向きなつぶやきを投稿する直前のタイムラインには、ネガティブなツイートよりもポジティブなツイートの方が四％ほど多く、気が滅入るつぶやきを投稿する直前のタイムラインには、ネガティブなツイートがポジティブなツイートよりも四％ほど多い可能性が高いという結論に至った。

もしもあなたがツイッターの熱心なユーザーだったらご用心。ツイッターを利用することは、日常生活において最も感情を刺激する行為の一つだからだ。これがあれば運動いらず？――ツイッターは脈拍上昇、発汗、瞳孔拡大（すべて興奮状態の指標となる）を促すことが研究で明らかになっている。[17]単にウェブを閲覧しているときに比べて、ツイートやリツイートをする行為は、感情の高まりを示す脳活動を七五％上昇させるという。ツイッターのタイムラインを読むだけでも、六五％ほど上昇するそうだ（注・これはツイッター社が独自の目的のために出資した研究であり、論文審査は受けていない）。私の頭の中には、ツイッターは「インターネットの扁桃体」ではないかという考えが前々からあった。メッセージの短さ、伝わる速さや範囲の広さなど、扁桃体の役割を果たすのに必要な材料がすべて揃っているからだ。ツイッターが元来もつこうした特徴は、人間として生きるうえで大いに必要なフィルターを迂回し、感情システムに何度も働きかける（ダニエル・カーネマンが「速い思考」、「遅い思考」と名づけたことで有名になった理論である）。[18]このツールは有益な情報を伝達するのに役立つかもしれないが、一方で人間の慎重ではない側面を助長してしまう。

あなたは、感情は自分の中で起こる私的なプロセスだと思っているかもしれない。しかし、感情が外部へ漏れ出しあらゆる場所へ伝わっていくことを思い出してほしい。その結果は甚大である。あなたは他人の気持ちに影響を与えるだけでなく、その行動にも影響を及ぼす。なぜなら気持ちは行動に作用するからだ。母親の感情が赤ちゃんの行動を素早く左右するのは、先に学んだとおりだ。ところがこれは、まったく関係のない二人の成人間にも起こり得る。

ある研究では、学生のグループが協力して課題をこなすよう求められた[19]。実験者側は学生たちに知られないよう、それぞれのグループに演劇科の生徒を紛れ込ませ、上機嫌もしくは不機嫌にふるまうよう指示した。予想に違わず、演劇科の生徒の機嫌は周囲の雰囲気を一変させた。だがそれだけではない。雰囲気のみならず、行動にも影響が現れたのだ。上機嫌な生徒を紛れ込ませたグループは、協力し合うことは多いが衝突は少なく、優れたパフォーマンスを見せた。不機嫌な生徒を投入したグループは、課題の出来もずっと悪かった。

自分が何かしらの気持ちを抱いただけで、人々の感情を変えられるという事実を、心にとめておくべきだろう。同様に、他人の感情が私たちの気持ちを変えることもある。私たちは常に相手と、そして周囲のすべての人々と互いに同期し合っているのだ。

あなたの心は唯一無二？

会話する相手と脳や身体が似ている方が同期は起こりやすい。一卵性双生児が超自然的な結びつきを感じることが多いのは、そのせいではないだろうか。まったく同じ遺伝子をもち、多くの人生経験

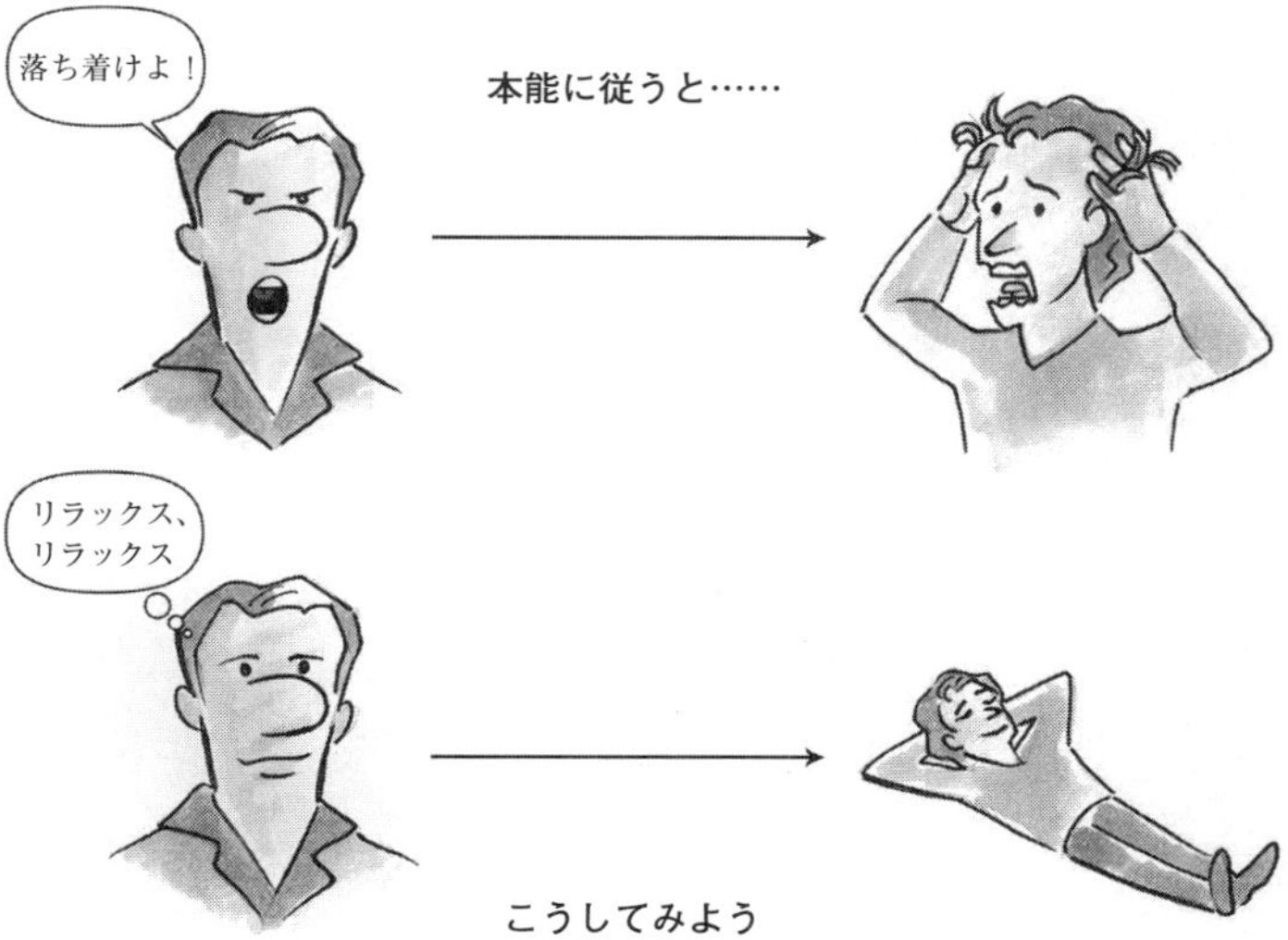

図２　感情は伝染する。よく考えて利用しよう。私たちは感情を個人的なものと捉えがちだが、その直感は間違っている。他人は瞬間的に、また無意識のうちに絶えずあなたの感情を受け入れ、行動に変換する。私的な感情を表しただけで、他人の感情が誘発されることを心にとめよう。たとえば、親がストレスを抱えていると、子供は周囲の人々をあまり信頼できなくなり、人間関係により消極的になる。難しいときもあるが、子供と接するときにはできるだけ感情をコントロールしよう。

を共有してきた結果、双子の身体や脳はよく似ている。すると周囲の状況に対して同じような反応を示すことが多くなり、同じ映画を観たり誰かの話を聞いたりすれば、脳の活動パターンは同期する。最終的には、相手の気持ちや考え、次に何を言おうとしているかを容易に予測できるようになり、双子のどちらかが自分の意図や気持ちや見解を述べれば、それが二人の意見を代弁することにもなる。

とはいえ、脳の広範な同期を経験するために、双子の片割れになる必要はない。事実、私たちの脳が遠い親戚の脳と歩調を合わせることを裏づける証拠もいくつかある——その親戚とは、サルである。一日の終わりに、居間のソファにすわってくつろいでいるところを想像してほしい。あなたは冷えたビールを片手に、大好きな子供向け映画「ジャングル・ブック」を観ている。隣に腰かけているのは人間の友達レニー、その隣にはペットのカニクイザルのジョージ。レニーもジョージも、実験室での長い一日から解放され、あなたと一緒に長編アニメを楽しんでいる。あなたと友人レニーの神経活動パターンは、同じ映画を観ているときどれだけ似通っているだろうか？　そして毛むくじゃらのサル友達ジョージとは？　三者のあいだで同期が強まるのはいつで、バラバラになるのはいつなのだろう？

これとまったく同じではないが、類似した実験が行われたことはある。[20] その実験では、人間とサルに、哺乳類の生活を特集したBBCのドキュメンタリー番組と、チャップリンの映画「街の灯」、そして「ジャングル・ブック」からの抜粋を音を消して見せながら、視線の動きを記録した。眼球と脳の活動パターンは同じではないが、視聴者がその時々にどこに関心を向けているのかを知る指標にはなる。さて、同じ映像を見ているときの人間とサルの目の動きはどれだけ似ていただろうか？

平均すると、人間とサルで目の動きが重なったのは、全体の三一％だった。あなたとミスターモンキーは、三分の一の割合で画面の同じ部分を見つめていたことになる（注・実験では、鮮やかな色など視覚を引きつけるものが、視線が重なる原因にならないよう配慮されていた）。データによれば、眼球運動が最も強く同期するのは、人間や動物が登場する場面だった。その多くは顔や目をはっきり映し出していて、人間もサルもそれを注視した。脳画像を用いた研究から、扁桃体は顔、とりわけ目に強く反応することがわかっている。[21]顔や目というのはひときわ目立つ刺激であり、特に感情的な表情を浮かべた顔は、見ている者の気持ちを高ぶらせる。マーケティング業者が広告やホームページによく「顔」を使うのは、そのせいなのかもしれない――彼らは注目を集めたいのだ（もちろん人間からの）。

友人のレニーはどうだろう？　あなたとレニーが同じ映像を見ていたとしたら、目の動きが一致するのは全体の約六五％である。では、もしもあなたが月曜日に映像を見て、木曜日にもう一度同じ映像を見た場合は？　画面を見るあなたの目は月曜日のあなたの目と七〇％同じ動きをたどる。言い換えれば、あなたが二度まったく別の機会に映像を見て視線が一致する度合いは、あなたとレニーが映像を見たときとほとんど変わらない。この研究が示唆するのは、人間同士（もしくは人間と動物でさえ）は外見が違っていても、その脳は比較的同じような仕組みで反応するということだ。とりわけ、感情や興奮を引き起こすきっかけに出くわしたとき、映画などの物語を見聞きしているときにそれが言える。

講堂で演説を聞いているとき、劇場で映画を観ているとき、家で読書をしているとき、自分の頭の中に吹き荒れる嵐と同じようなものが、同じ映画を観たり、演説を聞いたり、本を読んだりしている他人の頭の中にも吹き荒れていることに、私たちは気づかない。これは人間に個人差がないという意味ではないし、そんな考えは浅はかだ。実際、誰もがみな脳にそれぞれ異なる特徴をもっている。それでも私たちの行動の大半は、相違点ではなく共通点によって説明がつく。研究室で実験を行っていると、質問や課題への人々の対応が実によく似ていることにたびたび驚かされる。その課題に、感情的または社会的要素が含まれるときはなおさらだ。多くの場合、人々の反応の八〇％は平均的な反応から予測でき、個人差によって説明できるのは約二〇％にすぎない。たったいまあなたの脳内を吹きすさぶハリケーンは、まったく同じ箇所を読んでいる他の読者の脳内のハリケーンと酷似しているだろう。たとえ二人が、それぞれ別の言語で読んでいたとしても。

実生活で私たちが違いに注目するのは、個人を個人たらしめる情報がほぼそこに集約されているからだ。自分とは外見も話し方も違う人でも、その脳はほとんど同じように組織されていて、同じ刺激に対して同じような反応を返すことは、忘れられがちである。

誰もがみな似たような心の構造をもっているというのは、容易には受け入れがたい考えかもしれない。なぜなら自分から見れば、自分の頭の中の精神世界は唯一無二のものに思えるからだ。簡単には想像できないかもしれないが、私たちの神経活動パターンは周囲の人たちとよく似ていて、それゆえに心理状態や思考、感覚も似通っている。「赤の他人なのになぜ？」とあなたは思うだろう。それでもやはり、人間の基本的な脳構造は驚くほど類似しており、同じ出来事や刺激を経験すれば、往々にして同じ反応が導き出される。

脳の構造や機能が似ている大きな利点は意見の伝達がスムーズになることで、そのおかげで私たちはたった一人で世間を渡る必要がなくなる。アイデアを伝える最も効果的な方法の一つは、気持ちを共有することだ。感情はとりわけ伝染しやすいため、自分の気持ちを表現することによって他人の心の状態を変容させ、それによって目の前にいる人の視点を自分の視点に近づけやすくする。しかし、どんな種類の感情にも同じことが言えるのだろうか？　私たちが引き出すべきは笑いなのか恐れなのか？　希望なのかそれとも不安なのか？　次章ではその問いにお答えしよう。

3　快楽で動かし、恐怖で凍りつかせる（インセンティブ）

「従業員は必ず手を洗いましょう！」、アメリカのバーやレストランでトイレに入ると、こんな注意書きをよく目にする。果たして従業員は、この指示を守っているのだろうか？　疑問に思ったアメリカ疾病予防管理センターは、それを解明するため、アメリカ各地のレストラン数百店舗に職員を派遣し、従業員の衛生状況について公開調査を行った（この先を読む前に、すわって深呼吸することをおすすめする）。その結果、なんと六二％の従業員が手洗いを怠っていたことがわかった。これは深刻な問題だ。レストランやデリカテッセンで提供されたものを食べたあと、アメリカ国内だけで毎年六万人が食品由来の病気で入院しているが、それは衛生管理を改善すれば防げたかもしれない(1)。

問題は厨房で働く従業員に限られている（きっと、子羊のシチューから漂う魅惑的な香りが人々に手洗いを忘れさせるのだろう）と言いたいところだが、残念なことに、事態は厨房をはるかに越えて広がっている。病院に目を向けてみよう。医療現場における衛生管理は、病気の蔓延を防ぐうえできわめて重要だ。医療スタッフは手洗いの重要性を繰り返し告知されるし、手指消毒剤《しゅし》のある場所には注意書きが貼ってある。それにもかかわらず、あなたの地元の病院における手洗い順守率は、たぶん近所のファストフード店とさほど変わらないだろう。医療機関で手指衛生が順守されている割合は三八・七％で、飲食店の三八％をわずかに上回る程度なのだ。[2] 手洗いを怠《おこた》るのは医療スタッフや料理人だけではない。ミシガン州立大学の研究によると、公衆トイレを使ったあとに適正な手洗い（石鹸と水を使って一五秒以上洗う）を実行する一般人は、たったの五％だったという。[3]

ならば、どうしたら人々に手を洗わせることができるのだろう？ その解決法を知ることで私たちは、人々を動機づけて行動を促す仕組みに関する、驚くべき手がかりを手にすることができる。その仕組みは、脳の組織構造にまでさかのぼるものである。

手洗いと電光掲示板

二〇〇八年、ニューヨーク州の研究チームは大掛かりな計画に着手した。[4] 彼らは病院内での手洗い率を大幅に上昇させるべく、二年の歳月と五万ドルの予算を投じた。事例研究の場所として選ばれたのは、アメリカ北東部にある集中治療室（ＩＣＵ）だ。治療室にはもともと、簡便なジェル状の手指消毒剤や洗面台が部屋ごとに備えつけられており、医療スタッフが手洗いを忘れないよう、至るところに注意書きが貼られていた。それでも、順守率はびっくりするほど低かった。

　これに対して何ができるだろう？　チームは数週間かけて様々な意見を交わし合った末に、二一台の監視カメラを購入し、ＩＣＵ内の手指消毒剤と洗面台が映る場所に設置した。そこからのライブ映像は、ウェブ経由でインドへ送信される。インドでは二〇人の監視員が二四時間体制で医療スタッフの行動をモニタリングし、手洗い状況を評価するという計画だ。医療スタッフが患者の部屋を出入りすると、ドア付近のセンサーが感知し、インドの監視員に注意を促す。ベビーシッターなどを監視する隠しカメラと違うのは、医療スタッフがカメラの存在をはっきり意識している点だ。ところが衝撃的なことに、見られているのを知っていながら、ルールに適う手洗いをしたスタッフは一〇人中たった一人だった。監視だけでは不十分だと悟った研究チームは、改善策を迫られる。幸い彼らにはもう一つの計画があった。

　次なる作戦によって、医療スタッフの行動に急激な変化が訪れることになる。研究者たちは、スタッフが自分たちの行動をすぐにフィードバックできるよう、各部屋に電光掲示板を設置した（73頁図）。医師や看護師などの職員がきちんと手を洗うたびに、掲示板に示される数値も上がっていく。これらの数値はスタッフの手洗い順守率を表すもので、その時間に働いているスタッフの何％が手を洗っているか、一週間ではどれくらいの率になるかなどが示される。そこで何が起こったか？　なんと、順守率が九〇％近くまで上昇したのだ！

　これらの結果は驚くべきもので、実際に多くの科学者が疑念を抱くほどだった。そこで研究チームは、病院内の別の治療室で同様の結果を再現しようと試みた。すると案の定、同様の結果が観察された[5]。ここでは、電光掲示板設置前に手洗いをしていたのは全国平均に近い三人に一人だったが、掲示板によるフィードバックが導入されると、順守率は一気に約九〇%まで跳ね上がった。

研究チームの介入がなぜこんなにうまく機能したのか？　その謎を解くためには、彼らのやり方のどこが従来と違ったかを考えてみる必要がある。ニューヨークの研究者たちは、アメリカ北東部のICUで、他の誰もが試みなかったどんなことを実行したのだろう？

二人の主権者

一八世紀の偉大な博識家ジェレミイ・ベンサムの著作のうち、世の中に最も大きな影響を与えたものは、次の一文から始まっている。「自然は人類を苦痛と快楽という、二人の主権者の支配のもとにおいてきた。われわれが何をしなければならないかということを指示し、またわれわれが何をするであろうかということを決定するのは、ただ苦痛と快楽だけである。……苦痛と快楽とは、われわれのするすべてのこと、われわれの言うすべてのこと、われわれの考えるすべてのことについて、われわれを支配している[6]」。

おこがましくも私見を述べさせていただくなら、ベンサムは「苦痛」と「快楽」という言葉を用いて、広い意味で「良い気分」と「悪い気分」について表現したかったのではないか。物質的な報酬や

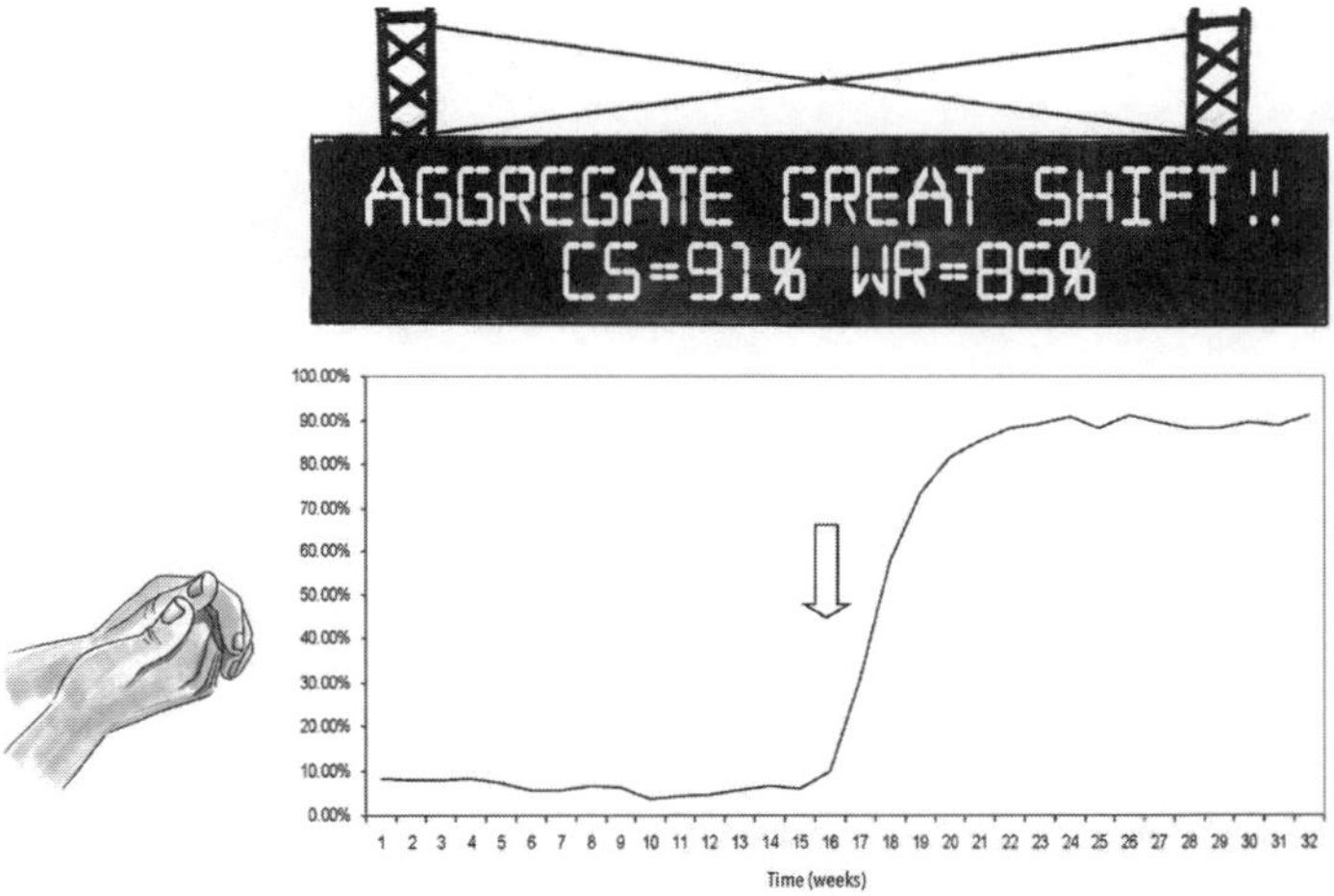

図 3　医療スタッフに脅威を与えるよりも、肯定的なフィードバックを与えて手洗いに意欲をもたせる。即時のフィードバックを映し出す電光掲示板を設置した途端、ICU スタッフの手洗い順守率は当初の 10%から約 90%に上昇した（図の掲示板には、「集計：優秀なシフトグループ！　現在の手洗い実行率 91%　今週の手洗い実行率 85%」と書いてある）。

愛情、感謝、称賛、希望など、様々な刺激や出来事から得られる「快楽」またはポジティブな感情を、私たちは繰り返し追い求める。同様に、人間は肉体的・精神的「苦痛」を回避するようにできている。病気やいじめに遭遇しないよう、愛する人や財産を失わないよう等々、例を挙げればきりがない。

　だから、誰かに何かをしてもらいたいときに、報酬を約束したり（物質的もしくは精神的な「アメ」）、何かを失うぞと警告したり（物質的もしくは精神的な「ムチ」）するのは何ら不思議なことではない。もっと長い時間働いたら昇進させると従業員に約束し、食器を洗ってくれた夫に愛を伝えるのは「アメ」である。宿題を終わらせなかったらお仕置きすると子供を脅かし、運動を始めなければ健康を損なうと患者に警告するのは「ムチ」である。

ＩＣＵの電光掲示板が優れているのは、こうした状況でよく使われる脅しの代わりに、研究者たちが建設的な方法を選んだ点だ。医療スタッフに病気の感染を警告するのは、典型的な「ムチ」作戦である。しかし研究チームが差し出したのは「アメ」、つまり肯定的なフィードバックというご褒美だった（注・この作戦の素晴らしさはそれだけではない。電光掲示板は社会規範の指標となり、他人の行動を知る目安にもなる。また、「早番」対「遅番」など、シフトグループ同士の競争も促す。社会的学習の重要性については第7章で詳しく述べる）。スタッフの一員が手を洗うたび掲示板の数値が上がり、「よくできました！」など好意的なコメントが個別に表示される。こうしたフィードバックが即座に返ってくると嬉しい気持ちになることが予測できるから、従業員はさもなければ時々さぼっていたこと（手洗い）を行うようになり、しばらくするとそれが習慣になる。研究結果によれば、望ましい行動を継続させるために、肯定的なフィードバックを永遠に返し続ける必要はないという。それがなくなっても、人は同じ行動を長期にわたって続ける場合が多い。自分の行動のレパートリーに組み込まれてしまったという理由で、そうするのだ。

あなたは意外に思われるかもしれない。というのも、自分や周囲の人々が感染し、病気を蔓延させる可能性は、行動を起こさせるに足る強い動機に見えるからだ。そう思えるからこそ、私たちは恐怖を与えることで他人の行動を改めさせようとする。しかし実際は、取るに足りないフィードバックの方が、警告や脅しよりもよっぽど効果的に人を行動に駆り立てた。奇妙に感じるかもしれないが、これは脳について判明している事実と非常によく合致している。行動を導くことに関して言えば、即時の報酬は、将来の罰よりも有効なことが多い。それはなぜかを知るためには、まず「接近と回避の法則」を学ぶ必要がある。

接近の法則と回避の法則

ある晴れた朝の出来事を想像してほしい。目覚めると、あなたを取り巻く物質世界のルールが一夜にして変わっている。事前の警告は与えられていない。昨晩床に就いたときだって、そんな予兆は何もなかった。いつもの日課に従って、あなたは好みのオンラインニュースをチェックし、スマートフォンを枕元のサイドテーブルに置いて明かりを消したのだった。

八時間後に目を覚ましてスマートフォンに手を伸ばしたとき、奇妙なことが起こる――今まで経験したことのない出来事だ。その点滅する金属の塊を掴もうとした瞬間、それはテーブルをぴょんと飛び跳ねていった。あなたは起き上がり、逃げていく電子機器を捕まえようとするが、こちらが速く走ると、スマートフォンもスピードを上げて逃げていく。寝室のドアの下をすり抜け、廊下を転がり、キッチンへと消えていく姿を見て「うーむ」とあなたは考える。「一風変わったハッキングか？　誰かがスマホに侵入して、巨大な磁石で遠隔操作しているのかもしれない！」

あれこれ考える前に、ちょっと頭を冷やした方がいい。そう思ったあなたは、バスルームに入って顔を洗おうとするが、気が動転しているせいで熱湯の栓をひねってしまう。熱いしずくから身を守ろうと後ろへ飛び退くと、しずくがこちらに向かってきて、困惑したあなたの顔面に付着する。タオルを取ろうとすると、大きな白い布地はあなたから逃げていく。

まるで『鏡の国のアリス』のように、あなたは別世界に迷い込んでしまった。何の法則が変化したのか、おわかりだろうか？　わかったと仮定して、旧世界のあなたの脳は、その新しい法則に柔軟についていけるだろうか？　それとも私たちは、祖先が支配した物理世界からは逃れられない運命なのだろうか？

一九八六年、心理学者のウェイン・ハーシュバーガーは、まさにそれを知るための独創的な実験を行った。彼は、誰もが従う基本的原則――接近と回避の法則――が反転した環境を物理的に構築した[7]。私たちの日々の行動を導くこの原則は、重力法則と同じくらい基礎的なものである。太陽が朝昇って夜沈むと言うのと同等に当たり前のことなのだが、それはひとまず置いておこう。

接近と回避の法則によれば、私たちは自分のプラスになると信じる人間、もの、出来事に接近し、マイナスになると信じる人間、もの、出来事を回避する。言い換えれば、私たちはチェリーパイや愛する人や昇給に近づくためなら行動を起こし、アレルギーの原因や仲の悪い人や成功する見込みのないプロジェクトとは距離を置く。人間は快楽へ向かって進み、苦痛から遠ざかるのだ。

この行動の原則について思いを巡らしたことはないかもしれないが、ぜひじっくり考えてもらいたい。というのも、私たちは朝の八時に夕日を見ようとか、夜の八時に日の出を見ようとは決して思わないくせに、他人に影響を与えようとするときには、接近と回避の法則をいつのまにか無視しているからだ。この法則は物理法則のように確立されてはいないものの、これに逆らおうとすると、人の行動を変える試みは不利に終わる。とにかく、話を先に進めよう。

ハーシュバーガーの才気あふれる実験に話題を戻す。ハーシュバーガーは、人間が良いものに向かって進み、悪いものから遠ざかるのは、生まれつき備わった傾向なのかどうかを知りたかった。快楽の追求が前向きな行動と結びつくように脳は配線されているのだろうか？　もしそうだとしたら、その組み合わせを必要に応じて変えることは可能なのか？　たとえば、火を避けるために炎に近づかなくてはならなくなったら、何が起こるだろう？　これは理論上の難問というだけではない。求めるものを得るために距離を置かなくてはならない例も実際にあるからだ。たとえば、つれない恋人をわざと放っておけば、寂しさからあなたのもとに駆け戻ってくるかもしれないし、消防士は人命を助けるために、火の中に飛び込んでいくかもしれない。

接近と回避の法則を研究するため、ハーシュバーガーは生まれたばかりの赤ちゃんに目をつけた――人間ではなく、ニワトリの赤ちゃんだ。孵化してまもない小さな黄色いヒヨコが四〇羽、彼のもとに集められた。ヒヨコは一羽ずつ、エサの入った容器が置かれた細長い通路に置かれる。どのヒヨコも、容器を見るとすぐにそれに向かって動き出した。この世に生を受けてまだ日が浅くても、食べ物を得るためにはそれに近づかなくてはならないことをヒヨコたちは承知しているらしい。ここで

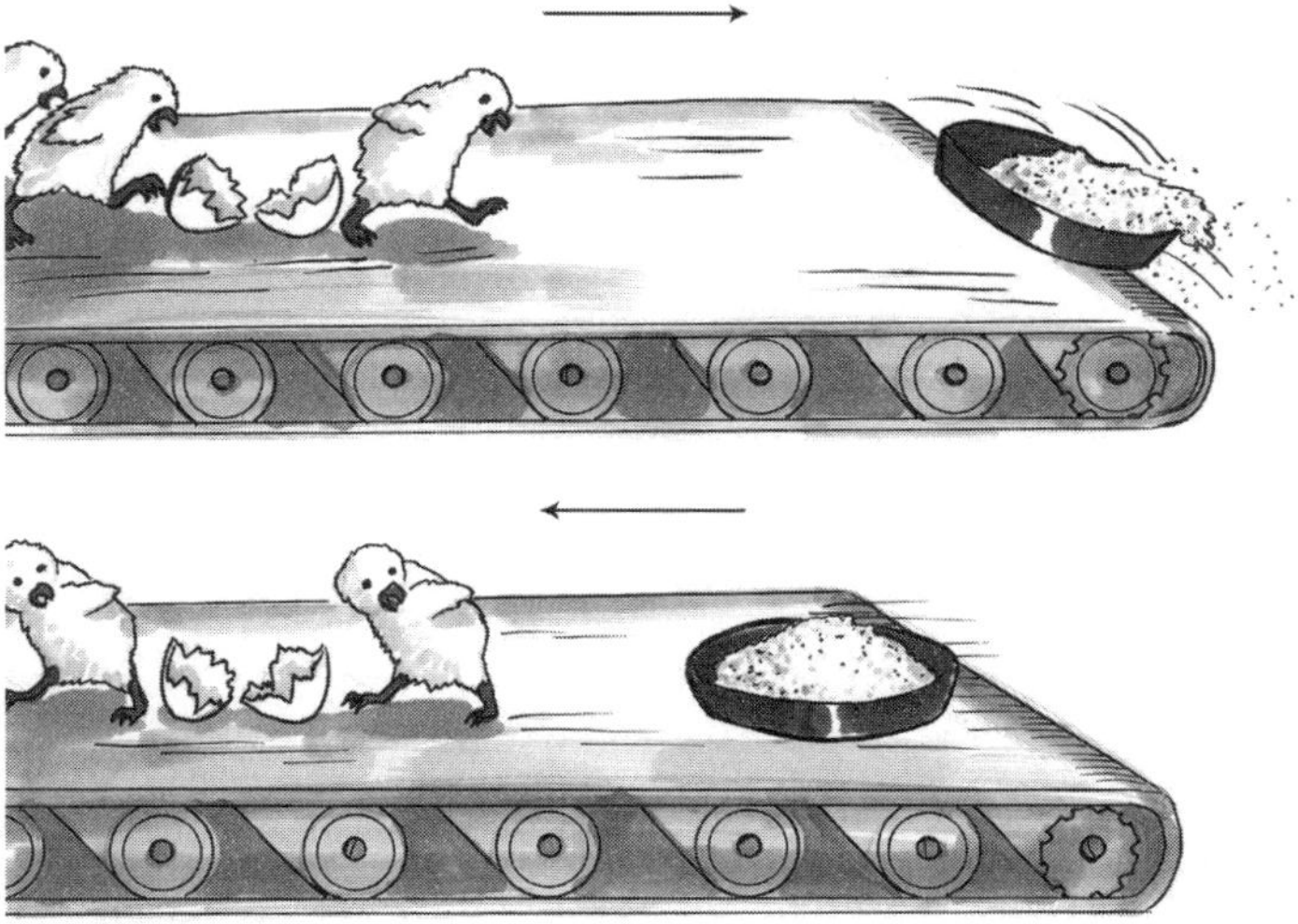

図4　接近の習性を捨て去るのは難しい。実験装置上のヒヨコがエサに向かって近づくと、容器は遠くへ逃げていく。エサを得るためには容器から離れなければならないことを、ヒヨコは覚えられなかった。

ハーシュバーガーは、ちょっとしたトリックを施した。ヒヨコがエサに向かって動いたら、容器を二倍の速さで遠ざけたのだ。ヒヨコがぴょこぴょこと歩く速度が速いほど、栄養源も素早く逃げていく。この奇妙な新世界では、欲しいものを手に入れるために接近するというのは正しい答えではなさそうだ（図4）。

それならば、どうしたら食べ物にありつけるのか？　ヒヨコがエサから離れると、ハーシュバーガーは容器を二倍の速さでヒヨコの方へ近づけた。美味しいごはんを手に入れるためにヒヨコが学ばなくてはならなかったのは、比較的単純なルール――何かが欲しければ離れるというルールだ。どんなに空腹で、このからくりを解く動機に満ちていても、ヒヨコは目的に向かうという本能に打ち勝つことができなかった。問題は、新しい法則がヒヨコの脳が対処できる環境に反していた点である。いくら機会を与えられても、ヒヨコたちは戦利品に近づく強い傾向を克服することができなかった。たとえ食べ物が永遠に手に入らず、腹ぺこのままだとしても。

これは、動物には接近と回避の行動図式が生来備わっていることを示す最初の研究の一つとなった。では、人間にとってはどういう意味をもつのだろう？

進むべきか、止まるべきか

人間はヒヨコにちょっと似ている。私たちもまた快楽をもたらすものに近づき、苦痛をもたらすものから離れようとするバイアスをもつのは、その方が効果的だからだ。このバイアスは根が深い。報酬を予測すると、人間の脳は接近を促すのみならず、行動を起こしやすくなるよう設計されている。反対に、喪失への不安は、何もしない状態を引き起こすことが多い。この非対称性は、病気になると言って医療スタッフを脅すよりも、肯定的なフィードバックを与えた方が手を洗うという行為（接近行動）が成功しやすくなることを、部分的に説明している。人間は生物学的にも、良いことを期待すると行動を起こしやすくなるように作られているのだ。

数年前にユニバーシティ・カレッジ・ロンドンで、私が共同研究者と行った実験について考えてみよう。[8] この研究は、神経科学者で精神科医でもあり、現在スウェーデンのカロリンスカ研究所に籍を置くマルク・ギタルト＝マシップを筆頭に行われた。実験参加者の一人はエドヴァルドという名の、手入れの行き届いた服装をした教養あるノルウェー人だ。エドヴァルドはコンピュータの前にすわり、指示どおり指をスペースキーにそっと置く。作業は比較的単純だ。画面に四つのうち一つのイメージが映し出される。仮に、クレーの絵、ピカソの絵、カンディンスキーの絵、マティスの絵だとしよう（注・実際に使われたのは四種類の抽象的な画像）。クレーの絵が映ったら速やかにスペースキーを押せば、エドヴァルドは一ドルを得られる。これは「行動したら報酬がもらえる」パターンである。患者の部屋を出るICUの医療スタッフが、電光掲示板のスコアを上げるため迅速に手洗いを行ったように、画面にクレーの絵が映ったのを見たエドヴァルドが、一ドルを獲得するために素早くスペースキーを押したのは意外ではない。だが、彼は損失を避けるためにも素早くキーを押すのだろうか？

次にエドヴァルドは、ピカソの絵を見たら素早くキーを押すよう指示される。しかし今度は一ドルもらうためではなく、一ドル失うのを避けるためである。「行動したら被害が防げる」パターンだ。これは、感染を避けるために手を洗ったり、落ちこぼれの生徒が落第しないように追加の課題を与えたりするのと同じ状況であり、損失を免れるための「GO《ゴー》」戦略と言える。エドヴァルドはこのルールを習得することができたが、参加者の三〇％は失敗した。それだけではない。大多数の参加者と同じようにエドヴァルドも、一ドルを得るためにキーを押すより、一ドル失うのを避けるためにキーを押す方が遅かった。それどころか、医療スタッフが時々手洗いをさぼったように、キーを押し間違える可能性も高くなった。なぜだろう？

人間の脳が「前向きな」行為を、「避けるべき害」ではなく「ご褒美」と結びつけているのは、それが最も有用な反応であることが多いからだ（いつもとは限らないが）。エドヴァルドが遭遇したのは、接近と回避の法則に相反する状況だった。何か素敵なものが得られそうな可能性に直面したとき、私たちの脳は一連の生物学的事象を引き起こし、それによって素早い行動が促進される。これは脳の「ゴー反応」と呼ばれ、脳深部の中脳から送られたゴー信号が、脳のほぼ中央にある線条体へと伝わり、最終的には行動反応をコントロールする前頭葉の領域へ到達する。

一方、何か悪いことを予測したとき、私たちは直感的にあとずさりする。脳が「ノー・ゴー反応」を引き起こすからだ。ノー・ゴー信号も、中脳の深部から線条体へと伝わり、前頭葉へ送られる。ゴー信号と違うのは、ノー・ゴー信号が反応を抑止する点である。その結果、人は悪いことよりも良いことを予測したときの方が、行動を起こす可能性が高くなるというわけだ(9)。

期待が行動を導く

誰かにすぐさま行動してほしいと望むなら、罰を与えると脅して苦痛を案じさせるよりも、ご褒美を約束して喜びを予期させる方がうまくいくかもしれない。社員の働く意欲を高めたいときも、子供に部屋を片づけてほしいときも、思い出してほしいのは脳の「ゴー反応」だ。ポジティブな期待感を植えつけること——その週に最も生産性の高かったスタッフを企業のホームページで発表したり、大好きなおもちゃが洋服の山に隠れているかもしれないと思わせたりすること――は、減給やお仕置きよりずっと人を動かす役に立つ。

私が最近出会ったチェリーという女性を例にとってみよう。チェリーは企業での講演を終えた私のもとにやって来て、自身の経験を話してくれた。彼女は長いあいだ、夫を近所のジムに通わせようと躍起になっていた。夫は妻と違ってあまり運動を好まない。日増しに大きくなるお腹をやんわり指摘しても生活を改めようとせず、運動不足による心疾患の危険性を警告しても聞く耳をもたない。ある晩、珍しくジムから帰ってきた夫に、チェリーは「鍛えた筋肉が素敵ね」と声をかけてみた。するとあくる日、夫は再びジムに向かった。その後も、彼の肉体にますます魅力を感じていることを伝えるたび、夫は繰り返しジムに通い続けた。チェリーのフィードバックのちょっとした変化――ずっと先に起こるかもしれない悪い結果よりも、すぐにわかる良い結果を強調すること――が状況を一変させたのだ。

また別のイベントでは、大成功を収めている企業のシニアマネージャーが私に体験談を語ってくれた。シニアマネージャーのサムは数年前、何百万ドルという損失を招く恐れのある問題に直面した。一ヶ月以内に事業費を二〇％削減できなければ、仕事をよそに回すと取引先が警告してきたのだ。サムはプレッシャーを感じながらも、チームが総力をあげて問題解決に臨むよう指揮しなくてはならなかった。その際、多くの人たちがやりがちなアプローチを取ることもできた。「いいか諸君、私たちはいま深刻な問題を抱えている。早急に事業予算を二〇％削減する方法を見つけ出さなければ、わが社は取引先と数百万ドルを失うことになる。そんなことが絶対に起こらないように、全精力を傾けて問題解決に取り組もう」。ところがサムが選んだのは別のアプローチだった。「いいか諸君、私たちはやりがいのある任務を与えられた。事業予算を二〇％削減する方法が見つかれば、取引先を確保できるだけでなく、数百万ドルの利益を得ることができる。休憩室の掲示板に目標を大きく書いておいたから、進捗状況を毎日更新していくことにしよう」。サムによれば、その効果はてきめんだったという。活気づいたチームのメンバーは掲示板の進捗状況を追い、進展があるたびに喜び合い、結果的には目標を大幅に上回って達成することができたそうだ。

もう一つの例を挙げよう。昨今のソーシャルメディア時代に適った資金調達システムとして「クラウドファンディング」が注目を集めている。資金を募りたい個人はクラウドファンディングサイトを利用し、通常は一枚の画像と短い依頼文を掲載して呼びかけを行う。ここに二種類の依頼がある。一つ目の文章には、日差しを浴びて生き生きと輝く幸せそうな若い女性の写真が付されている。この女性は重い病気にかかり、高額な治療費を必要としている。二つ目の依頼文に添えられているのは、病院のベッドにぐったり横たわった男性の写真だ。身体のあちこちにチューブをつながれ、目には絶望の色が広がっている。男性もまた、重病に犯され高額な治療費を必要としている。さてあなたは、資金提供を受ける確率が高いのはどちらだと考えるだろうか？

スタンフォード大学のアレクサンダー・ジェネブスキーとブライアン・ナットソンは、オンライン上での資金募集一万三五〇〇件を分析した[10]。その結果、ネガティブな写真よりも、ポジティブな感情を喚起する写真（特に笑った顔）が依頼文に添えられている方が資金提供を受けやすいことが判明した。慈善活動では目を背けたくなるような写真が頻繁に使われていることを考えれば、意外な気もする。確かに入院患者の写真は同情を誘うかもしれないが、同時に苦痛から遠ざかり目をつぶっていたいという本能的な反応も引き起こす。それに対してポジティブな写真を見た人は、近づいて関わり合いをもちたくなる。健やかで幸せそうな人の顔を見ると、回復へ向かっていく様子が想像しやすいから、助けたいという意欲もわいてくる。逆に病人のような姿からハッピーエンドを思い描くのは難しく、見ている側が消極的になってしまうことも多い。

ジェネブスキーとナットソンは、成功するクラウドファンディングとそうでないものを事前に予測できるかどうか解明しようとした。彼らは数多くのデータから、希望する支援額や文章の文字数などを調べあげ、実験参加者たちにそれを読んでどのように感じたか評価させた。また、資金提供について思案しているときの参加者二八名の脳活動を記録した結果、成功するか否かを予測するには、側坐核の反応を調べるのが最適だということがわかった。側坐核とは喜びの感情を処理する脳の領域で、報酬を予期する信号を伝えることから「報酬中枢」とも呼ばれている。側坐核が激しく活性化したら、そのとき検討している資金要請は援助を受ける可能性が高いというわけだ。参加者の小集団において側坐核の働きを観察することは、オンライン上で何千人もの人々がどうリアクションするかを予測する最大の判断材料となり、その資金要請をどう思うか、援助したいかどうかをただ尋ねるよりも信頼性のある結果が得られる。自身の心の中を見つめさせるよりも、時には脳を直接覗いた方が、その人の混じりけない気持ちを推し量れることもある。

「死んだふり」

シニアマネージャーのサム、主婦のチェリー、そしてICUで研究を行った科学者たちは、警告ではなく報酬を与えた点で共通している。報酬は物質的なものでもそうでなくてもかまわなかった。どの例をとっても、「行動要請」と「脅威」の組み合わせより、「行動要請」と「ポジティブな結果」の組み合わせの方が、変化を導くには有効だった。では、人に行動させたくない場合はどうだろう？

私たちが行った実験に立ち戻ってみよう。実験参加者のエドヴァルドは、カンディンスキーかマティスの絵が画面に映し出されたら何もしないようにと言われていた。カンディンスキーの絵を見たあとに何もしなければ、エドヴァルドに一ドルが支給される。これは、学校の先生が授業中静かにすわっていた生徒を褒めるのと同じようなものだ。反対に、マティスの絵を見て何もしなければ、エドヴァルドは一ドルを支払わずにすむ。学校の先生にお仕置きされないように、生徒が静かにすわって授業を受けるのと似たような状況だ。今回もエドヴァルドは無難にこなしたが、報酬を得るために何もしないときよりも、損失を防ぐために何もしないときの方が、成功する率が若干高かった。損失の可能性に直面すると、人間の脳内には「ノー・ゴー反応」が引き起こされ、活動が抑制されるからである。

つまり、あなたの目的が他人に何かをさせないこと——子供にクッキーを食べさせないことや、従業員に機密情報を口外させないこと――だとしたら、ご褒美を約束するよりも、報いを受けるかもしれないと警告する方が有効だということだ。事実、差し迫った脅威は私たちを凍りつかせる。

ヘッドライトに照らされたシカのように、私たちも恐怖に身動きが取れなくなることがある。先日、交通量の多いボストンの通りを渡ろうとしていたときのことだ。アメリカとイギリスを常に行き来している私は、道路を横断しようとする際に、間違った方向を確認してしまうことがしょっちゅうある。こうした混乱から危ない目に遭ったことも一度や二度ではない。このときも、主要道路を渡ろうとしていた私は、右を見るべきところで左を見て歩き出していた。横断歩道を半分ほど渡ったところで、一台の車が予期せぬ方向からかなりのスピードで走ってくるのが目に入った。頭の中に警報ベルが鳴り響き、恐怖が全身を支配した。脳裏に浮かんだのは、車にひかれてピザ生地のようにぺちゃんこになった自分自身の姿だ。私が取った最初のリアクションは、立ち止まることだった。道路の真ん中で束の間凍りつき、ハッと我に返ってようやく逃げ出すことができた。私は無傷で道路の反対側にたどり着いたが、一秒にも満たない失われた時間が大きな違いを生み出していたかもしれないことは想像に難くない。

私たちが進化の過程で動けなくなる反応を身につけたのはなぜだろう？　この問いに答えるためには、捕食者から逃げることが第一の目標だった時代に思いを馳せる必要がある。ライオンやトラに食いちぎられるのを防ぐには、三つの方法があった。ⓐできるだけ速く逃げる、ⓑできるだけ激しく応戦する、ⓒじっと動かずにいる。なぜ動かない選択肢があるのかというと、じっとしていれば気づかれずにすむかもしれないからだ。人間やその他の動物は動きを捉える能力が高く、たとえ視野の端でも敏感に感知する。だから危険が迫っているときに不動でいれば、命が助かることもある。もう一つの理由は「死んだふり」だ（注・パリの劇場やオーランドのナイトクラブにおける銃撃事件など近年のテロ行為を分析すると、死んだふりをして実際に命が助かった人がいる一方で、銃撃犯たちは死体だと思われる犠牲者に対しても、怒りにまかせて発砲していたことが明らかになっている）。多くの捕食動物が死んだ動物を避けるのは、死肉が病気をもたらすことがあるからだ。実際、国立公園のパークレンジャーは、クマに襲われそうになったら死んだふりをするようキャンプ客にアドバイスするらしい。死んだふりは手出しをされないための優れた戦略にもなる。これこそ、私たちが「闘争・逃走反応」に先立つ「すくみ反応」を受け継いだ理由の一つなのだ。[11]

飛行機事故の生存者がのちに、「乗客は逃げ出そうとせず、恐怖と衝撃に襲われ凍りついたまま着席していた」と語るのを聞くことがある。乗客たちの行動は、実験室のラットの行動に似ている。ある特定の音と電気ショックを関連づけるようラットを訓練すると、その音を聞くたびにラットが苦痛を予期して動きを止める様子が観察できる。逃げ道があるときでさえ、同じ反応を示すのが見られるかもしれない。こうしたすくみ反応を引き起こすのは脳深部にある扁桃体で、この小さな器官は感情の処理に関与している。[12]一方で、特定の音と素敵なもの（魅力的な異性のラットなど）の到来を関連づけるよう訓練した場合、興奮で神経過敏になったラットがケージの中を動き回る様子が観察できるはずだ——報酬への期待が行動につながることが、ここでも実証されているのである（注・この事実が「損失忌避」の現象とどう関係しているか疑問に思った読者もいるだろう。損失忌避とは、利益を得るよりも損失を避けたいという、人間がもつ傾向のことだ。言い換えれば、何かを決断するとき（たとえば株式投資をするかどうか迷っているとき）、人は得るものよりも失うものに重きを置く。とはいえ、利益よりも損失が予想されたときの方が行動を起こしやすいというのは、損失回避の存在だけによるところではない。そのような解釈を導いた少数の研究のなかには、別の見方ができるものもある。ここに挙げるのがその一例だ。ある教師のグループは事前に四〇〇〇ドルを渡され、生徒の成績が上がらなければ没収すると言い渡された。別の教師グループは、生徒の成績が上がったら四〇〇〇ドルのボーナスを支払うと告げられた。結果的に成績が上がったのは、前者のグループの生徒だった。この研究は、恐怖が人を動機づけたと解釈される一方で、即時の報酬（四〇〇〇ドルの小遣い）の与える影響が、未来の報酬を上回ったことを反映しているとも考えられる）。

恐怖や不安は多くの場合、人を行動に駆り立てるよりも、退かせたり、凍りつかせたり、放棄させたりするものらしい。いつもそうだとは言わないが、気をつけて見ていれば、そのようなケースにたびたび出くわすだろう。とはいえ、ＩＣＵのスタッフが病気になると脅されても手を洗わなかったり、チェリーの夫が肥満の可能性を指摘されてもジムに行かなかったりしたのは、それだけが原因ではない。そこにはもう一つ、「即時性」という理由があった。

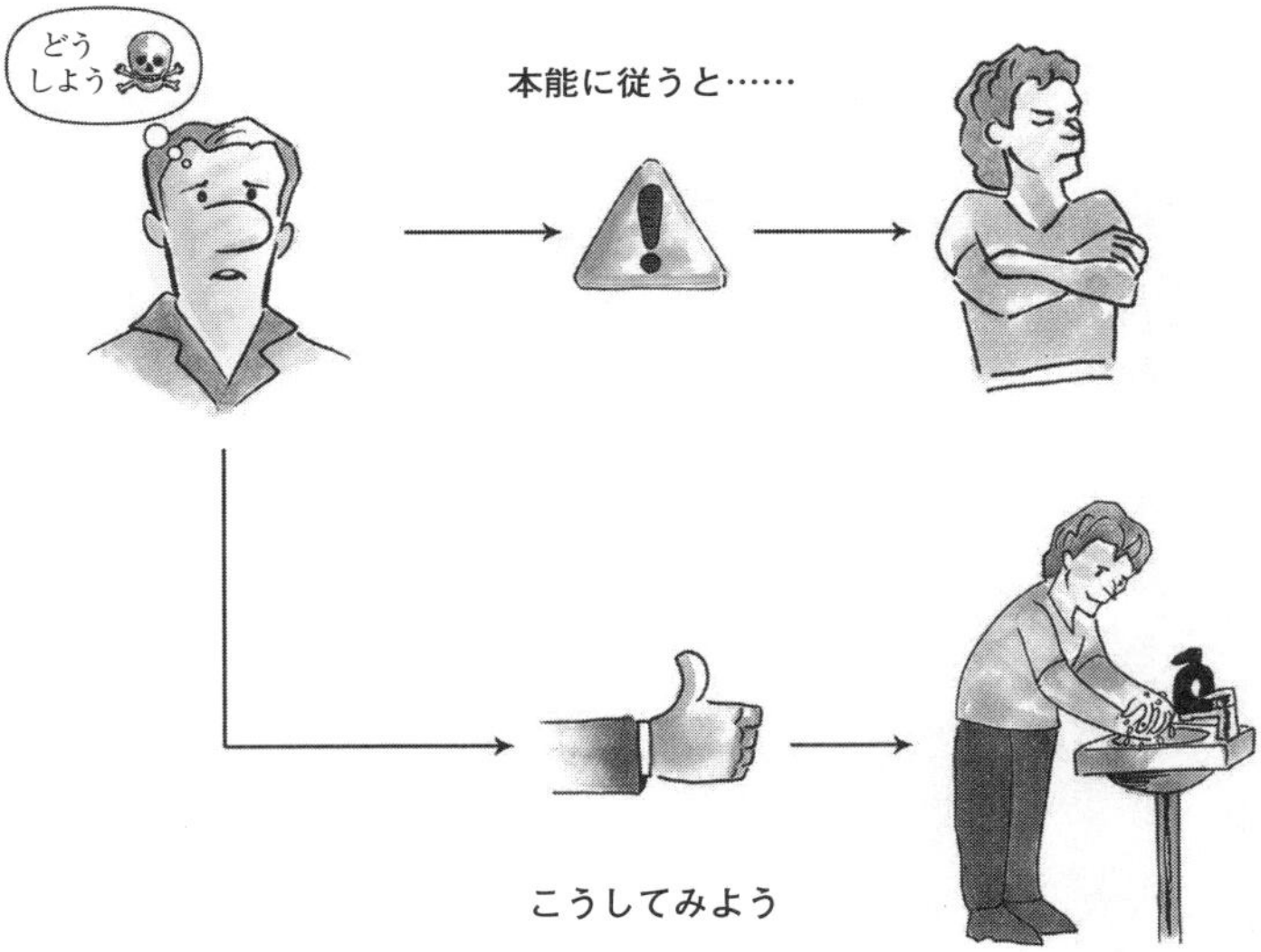

図5　インセンティブ。注意や警告ではなく、ポジティブな戦略を用いて行動を誘発しよう。私たちは本能的に、将来の危険を呼びかけることで人々の行動を変えようとしがちである。この作戦がうまくいかないことが多いのは、恐怖はやる気を失わせ、人を動かすよりも固まらせてしまうからだ。人の行動を変えたいときには本能を抑え、代わりに即時の報酬を与えるなどポジティブな戦略をとるといい。それが単純で肯定的なフィードバックやSNS上の「いいね！」だったとしても、報酬を期待させることで脳には「ゴー反応」が引き起こされる。たとえば、病気の感染予防のために手を洗いなさいと注意しても、医療スタッフの行動は変わらなかったが、手洗いをするたびにスコアが上がると彼らの行動は変化した。

いますぐちょうだい！

「マシュマロを食べるな」というフレーズを聞いたことがあるだろうか？　心理学の分野で日常語に加わるほど有名になった研究はあまりないが、その一つがコロンビア大学の心理学教授ウォルター・ミシェルが一九八八年に行った実験だ。当時スタンフォード大学で研究していたミシェルとその同僚たちは、ジャーナル・オブ・パーソナリティー・アンド・ソーシャル・サイコロジーに、「欲求充足の先延ばしから予測できる青少年期の能力の特性」という実直なタイトルの論文を掲載した[13]。シンプルに「マシュマロ・テスト」と言えばピンとくる人も多いだろう。この研究は、成功するためには自制心が重要だということを教えてくれる（実際ミシェルは、のちに『マシュマロ・テスト　なぜ自制心は成功の原動力なのか』（邦訳は『マシュマロ・テスト　成功する子・しない子』柴田裕之訳　早川書房）という題名の本を執筆している）。ただし、この一般的な解釈だけがすべてというわけではない。マシュマロ実験には見かけ以上の奥深さがあると私は信じている。だが、この研究から得られる新しい教訓についてお話しする前に、まずは当初の実験についてざっと説明しよう。

一九六〇年代後半、ミシェルはスタンフォード大学付属ビング保育園の経営陣に掛け合い、園児を実験に参加させてもよいという許可をもらった。四～六歳の子供たちが、一人ずつ部屋に通されて席につく。テーブルの真ん中に置いてあるのは、クッキーやマシュマロといった美味しそうなおやつだ。ピーターの順番がやってきた。ピーターはおしゃべりが大好きな未就学児だ。多くのちびっ子同様、ピーターも電車、トラクター、飛行機、乗用車などの動く乗り物が大のお気に入りである。そしてもう一つ目がないのが甘いお菓子、マシュマロはもちろん大好物だ。部屋に足を踏み入れたピーターは、テーブルの上を見て瞬時に心を奪われる。柔らかで弾力のある薄桃色のマシュマロが一つ、口の中でとろけるのを待っているのだ。実験スタッフはピーターにこう告げる。「お友達のアレンの様子を見てくるからちょっと待っててね。マシュマロが食べたくなったら食べてもいいけど、私が戻ってくるまで待つことができたら、一つじゃなくて二つあげるよ」

ひとりぼっちで取り残されたピーターはどんな行動に出るだろう？　スタッフが二個目のマシュマロを持って帰ってくるのを待つ子もたくさんいる。そのときになって初めて両方のマシュマロが食べられるからだ。しかしそれは容易なことではない。子供たちはご褒美から気をそらすため、実に様々な作戦を取り入れる。両手を小さなお尻の下に隠して、ふわふわのおやつに指が触れないようにする子、童謡を歌って気を紛らそうとする子。園児にとってマシュマロを食べずにいるのがそんなに難しいのはなぜだろう？

マルク・ギタルト＝マシップのゴー・ノーゴー実験を思い出してほしい。報酬を期待すると脳が「ゴー反応」を導き出すというのは、先ほど学んだとおりだ。しかしピーターは、ご褒美をもらうために逆の反応をする必要があった。一ドルが欲しければカンディンスキーの絵を見てもキーを押してはいけないエドヴァルドのように、ピーターもマシュマロをもらうためには行動を抑えなくてはならなかった。これは四歳児にとってはとりわけ難しい。なぜなら子供の脳回路は、本能を回避できるほど十分に発達していないからだ。そのうえ脳は、いますぐ食べられるマシュマロを、将来食べられるマシュマロよりも価値の高いものとして扱う。側座核という報酬信号を送る脳の領域では、将来のいつか受けられる報酬よりも、今すぐ受けられる報酬について考えているときの方が、大きな信号が生成される。[14]「今すぐ」は「あとで」よりも値打ちがあるのだ。ミシェルの実験に参加した園児は大変な思いをしたが、たくさんの子供たちが衝動に打ち勝って、マシュマロを二つ手に入れた。

わが子の目の前に美味しいおやつを置いて、一五分間誘惑に耐えられたら、もっと大きくて素敵なご褒美をあげると約束したことのある両親も多いのではないだろうか。私がそう思うのは、ミシェルが次のような発見をしているからだ。およそ一〇年後、ミシェルは元園児の親に連絡をとってみた。いまやティーンエイジャーになっているはずの子供たちが、学業成績、社会性、そして精神面においてどのような状態にあるのか質問するためである。その結果、一〇年前に欲求充足を先延ばしにできた(二個目のマシュマロを待てた)子供たちは、そうでない子供たちをほぼすべての分野で上回っていた。ミシェルは、二個目のマシュマロを待てた子の方が優れた自制能力をもっており、この自制心があればこそ多くの分野に秀でることができたと結論づけている。[15]しかしそれは、考えられる理由のごく一部にすぎない。なぜ欲求充足を先送りにできた子とできなかった子がいたのか、もう一つの説明となるのが「子供たちの将来に対する期待」である。

未来はあてにならない

おしゃべりで乗り物好きな未就学児ピーターの実験に戻ろう。ピーターは二個目のマシュマロを待てなかった。実験スタッフが部屋を出た直後、ピーターはふわふわした薄桃色のお菓子に手を伸ばし、口の中に放り込んだ。「自制心がない子だな」とあなたは言うだろう。そうかもしれない。でも違う考え方もある。スタッフがもう一つのマシュマロを持って戻ってくることを、ピーターは十分に確信していなかったのかもしれない。これは不合理な仮定ではないだろう。スタッフは忘れてしまうかもしれないし、嘘をついているかもしれない。もっとひどい筋書きがピーターの頭をよぎる。あんまり長く待ちすぎたら、目の前にあるこのマシュマロにもありつけなくなるんじゃないか。その可能性も無視できない。スタッフがマシュマロを切らしてしまって、この一個を友達のアレンと半分こしなければならない可能性もある。ハラハラしながら一五分も待つなんてバカみたいだ、ピーターはそう考えた。明日のマシュマロ二個より、今日のマシュマロ一個の方がいいに決まってる。これはピーターの自制心の低さを示しているとは限らない。たぶんピーターは、あまり他人を信じられないか、人より楽観的ではなかったのだろう。どちらの理由も、ピーターの下した選択やその後の育ち方の説明になる。人生の展開には、社会性や楽観性が大きな影響を及ぼすことが証明されており、概して社交的で楽観的な人の方が、より満足のいく人生を送るようだ。[16]

マシュマロ・テストに対するこれらの補足は、ロチェスター大学で行われた実験によって裏づけられている。ロチェスター大学の研究者は、マシュマロ・テストを行う前の子供たちの、実験スタッフに対する信頼度を操作しようとした。[17] やり方はこうだ。スタッフは三〜五歳の子供を美術室に招き入れ、マイカップの手作りキットを与えた。白い紙に自分で飾りを描き、透明のカップの内側に挿入するようになっている。子供たちには古いクレヨンセットも手渡されるが、その箱は固くて開けづらい。スタッフは、ちょっと待っていたら新しくてもっといいクレヨンを持ってくるよと言って退室する。数分後に戻ってきたスタッフは、第一のグループの子供たちには、自分の手違いで新しいクレヨンはなかったと言って謝った。こちらは「信頼できない」体験をしたグループとなる。第二のグループは、スタッフから真新しいクレヨンを受け取った。こちらは「信頼できる」体験をしたグループとなる。その後、子供たち全員にマシュマロ・テストを実施した。

予想では、約束のクレヨンを使えなかった子供たちは、当然ながらスタッフに対する期待も低く、したがって二つ目のマシュマロをわざわざ待たないだろうと考えられていたが、結果はまったくそのとおりだった。「信頼できない」体験をしたグループが待てた時間は平均して三分二秒、対して「信頼できる」体験をしたグループは、平均一二分二秒も待つことができた。つまり、未来が不確かだとみなされるほど、たったいま得られる満足感を将来の喜びのために先送りする可能性は少なくなるというわけだ。

脳の自動早送り機能

そこまでは理解できるが、人を行動に導くという私たちの当初の課題とはどう関わってくるのだろう？　病気の蔓延、金銭上の損失、体重増加、学業不振、地球温暖化を警告して人の行動を変えようとすることの難しさは、残念ながら、それらがすべて不確かな未来の「ムチ」だという点にある。ICUの医療スタッフが手を洗わなくても、病気になるかもしれないのは数日後であって、今すぐではない。サムのチームが取引先の事業予算を削減する方法を見つけられなくても、大金を失うのは今ではなく一ヶ月後だ。これらのムチが振るわれるのは将来の話で、遠い未来のこともある。そして未来は、ご承知のとおり、不確かだ。医療スタッフが手洗いをさぼっても病気にならないかもしれないし、サムのチームが手を打たなくても取引先は提携を続けてくれるかもしれない。問題は「かもしれない」という部分に存在する。起こるか起こらないかわからないことのために人に何かをさせるのは至難の業だし、未来のムチを無視して「まずい習慣を続けたって平気」と自分に言い聞かせるのはいとも簡単だ。だからこそ、いつか重大な損失を被るぞと脅すよりも、ささやかでも確かな報酬をただちに与える方が効果的なこともあるのだろう。たとえその警告が確実で差し迫っていたとしても（具体的なお仕置きや否定的なフィードバックなど）、ご褒美が今すぐ必ずもらえるという約束にはかなわない。なぜなら脳のゴー回路は、快楽と行動を結びつけているからだ。

南アフリカ最大手の保険会社「ディスカバリー」を例にとってみよう。ディスカバリー社は、将来かかるかもしれない病気への不安を煽る代わりに、あるご褒美プログラムを開始した。保険加入者は、スーパーで野菜や果物を買ったり、ジムへ行ったり、健康診断を受けたりすると、ただちにポイントを受け取ることができる。貯まったポイントは、様々な商品の購入に使用することも可能だ。このプログラムはきわめて効果的で、加入者はより健康的な生活を心がけるし、その結果病院にかかる回数も減る。すなわち、双方にとってメリットがあるというわけだ。

しかしここで疑問が生じる。警告や注意に限られた効果しかないとしたら、なぜ私たちは頻繁にムチを使って人の行動を変えようとするのだろう？　すべてわかっているつもりの私でも、気がつけば学生たちに「一生懸命勉強しないとまともな仕事につけないよ」と警告し、「暖かいコートを着ないと風邪をひくよ」と娘に注意している。本来ならば学生には「がんばって勉強すれば良い論文が書けるし、最終的には素晴らしい職を得ることができますよ」と声をかけ、娘には「コートを着れば暖かくて気持ちいいし、元気いっぱいになってお友達の誕生日パーティーにも行けるよ」と言ってあげるべきなのだろう。

こうした見直し作業が難しいのは、私たちの脳が自動的に早送りボタンを押すようにできているからだ。自分の学生が全力を尽くしていないことに気づくと、私の脳は未来へ飛んで、望ましい目的を達成できなかった学生の姿を思い浮かべている。一二月の半ばに娘がTシャツだけで外に出ていくのを見つけると、私の脳は鼻水を垂らしてゴホゴホと咳をする娘の姿を想像している（興味深いことに、人は自分自身よりも自分以外の誰かに起こり得る悪い結果の方が想像しやすい。だがそれはまた別の問題だ）。私たちが反射的に警告を発してしまうのはこのためで、人間の脳は悲惨な状態をイメージし、不吉な予感を共有しようとする。でもこれは間違ったやり方なのかもしれない。私たちは意識して本能に打ち勝ち、事態を好転させるために必要なことを強調すべきなのだ。たとえば、「コートを着れば元気でいられる」とか「がんばって勉強すれば職を得ることができる」というように。この方法にはさらなる利点がある。「従業員は必ず手を洗うこと」といった注意や警告は相手のコントロール感〔自分が物事を決めているという感覚〕を阻害するが、成果を得るために必要なものをはっきり提示すると、コントロール感を増大させることができる。次章では、人の心に影響を及ぼすときに、コントロール感が果たす素晴らしい役割について探っていこう。

4　権限を与えて人を動かす（主体性）

恐怖が理性に基づく感情だったら、世界はどうなってしまうだろう？　煙草を見ただけで人々が声を限りに叫び出す世界。脂肪たっぷりの生クリームや肉の塊に恐怖を覚える人がそこらじゅうにいて、車に乗ろうものなら背筋のゾクゾクが止まらない。怖がるには正当な理由がある。喫煙、食生活、そして自動車の運転は、死因のトップ5（心疾患、癌、慢性下気道疾患、不慮の事故、脳卒中）と密接に関係しているからだ。[1]しかし、よく知られる恐怖症のリストを見てみると、いま挙げたうちのどれ一つとして見当たらない。[2]

たいていの人は、いつか自分の命を奪うかもしれないものに対して危機感を募らせていないようだ。そのくせ、最も多くの人が恐怖を抱いているのはクモなのである。クモの毒で死ぬよりも「サメに襲われて生き延び、その後落下したココナッツに当たって死ぬ可能性の方が高い」と言われているにもかかわらずだ（注・これは、あるインターネットの掲示板でこのテーマについて話し合っていた参加者の一人が、ユーモアたっぷりに書き込んだ一文である（Scrap-Load の投稿。https://forum.deviantart.com/devart/general/2226526））。人口三億一九〇〇万人のアメリカ合衆国では、一年間に約六人がクモの毒で亡くなっている。(3) クモ、ヘビ、高所など、私たちは自分におよそ害のないものを恐れているのだ。ひらけた空間や、犬や雷に出くわすとパニック発作を起こす人もいる。エレベーターや飛行機を怖がる人もいる。恐怖症リストの一〇位以内で理に適っているのは、八位の不潔恐怖症くらいのものだろう。その二つ下につけている集合体恐怖症とは、たくさんの穴の集まりを怖がる不可思議な恐怖症のことだ。穴を怖がる人の方が癌を恐れる人よりも多いのだ！　また、死そのものを恐れる死恐怖症は一二位に甘んじている。

主な死亡の原因10

1位　心疾患
2位　悪性新生物（癌）
3位　慢性下気道疾患
4位　不慮の事故
5位　脳卒中（脳血管疾患）
6位　アルツハイマー病
7位　糖尿病

よく知られる恐怖症12

1位　クモ恐怖症
2位　ヘビ恐怖症
3位　高所恐怖症
4位　広場恐怖症
5位　犬恐怖症
6位　雷恐怖症
7位　閉所恐怖症

8位　不潔恐怖症
9位　飛行機恐怖症
10位　集合体恐怖症
11位　癌恐怖症
12位　死恐怖症

8位　インフルエンザ、肺炎
9位　腎炎、腎炎症候群、ネフローゼ
10位　故意の自傷（自殺）

恐怖 vs. 事実

ばかばかしいと笑われるかもしれないが、本人たちにとって恐怖症は切実な問題だ。たとえば、広場恐怖症の人は外出を恐れるため、生活の質に深刻な影響を受ける。閉所恐怖症の人は、病状を診断するのに不可欠であったとしてもＭＲＩ検査を拒むかもしれない。装置内の閉ざされた空間に耐えられないからだ。そして、空を飛ぶのが怖い飛行機恐怖症は、その人のキャリアや人間関係にさえ害を及ぼすことがある。

マックＧの名で知られる映画監督ジョゼフ・マクギンティ・ニコルの例を挙げてみよう。映画「チャーリーズ・エンジェル」で成功を収めたマックＧは、「スーパーマン」新シリーズの監督に抜擢され、ワーナー・ブラザースと契約を交わした。撮影はオーストラリアで行われる予定だった。撮影開始日、一〇〇〇人ほどのスタッフが南半球の地でマックＧの到着を待っていた。照明もカメラも準備万端。なにせマックGは撮影開始の一年も前からこの作品に取り組んできたのだ。すでに約二〇〇〇万ドルがプロジェクトにつぎ込まれている。ところが、カリフォルニアからシドニーまでプライベートジェットで飛ぶはずだったその日、マックGは恐怖のあまり身体を動かすことができなかった。どうしてもジェット機に乗れなかったのだ。[4]

関係者はあらゆる手を尽くして彼を搭乗させようとした。だいたい、シドニーまで長距離飛行を行うよりも、空港から自宅まで自動車で帰るときの方が事故死する確率は高いのだ。実際、墜落事故で死亡するのは年間一〇〇〇人ほど（確率にしておよそ一一〇〇万人に一人）であるのに対し、交通事故死は約一二四万人（五〇〇〇人に一人）だ。[5] その数字のことは十分認識していたマックGだが、それによって神経が鎮まることはなかった。どうしたって飛行機よりも自動車に乗っている方が安心なのだ。恐怖は感情であり、感情は事実によって簡単に手なずけられるものではなかった。

飛行機恐怖症は墜落することへの恐怖だと考える人が多いだろう。すべての飛行機事故に向けられるマスコミの過熱報道が、その恐怖心を増大させている。テレビ画面に映し出される生々しい悲劇を見ていると、私たちは飛行機が実際以上に危険な乗り物に思えてしまう。しかしそれだけではない。それがすべてなら、航空会社がその思い込みを変えるようなデータを乗客に植えつければすむはずだ。ところが、飛行機の方が自動車より安全だと何度も繰り返し伝えても、不安はほとんど軽減されない。

リスクの計算違いをしていないのなら、なぜそんなに多くの人がジャンボジェットを怖がるのだろう？　その答えを進化に求める人もいる――人間は鳥のように羽がない。だから空を飛ぶようには作られていない。もしもご先祖様が空中に浮いていたとしたら、それはきっと神様に会いにいくときだ。このようにして私たちは、地上に縛りつけられた遠い祖先から、飛ぶことの恐怖を受け継いだらしい。この理論は感覚的に納得できる。クモ、ヘビ、高い場所、ひらけた空間、飛ぶことに対する現代人の恐怖心は、それらが本当に危険だった時代のなごりなのかもしれない。たとえばひらけた空間では、捕食者から身を隠す場所がない。したがって、そういう場所を怖がって避ける人の方が、生き延びる確率は高くなるだろう。ただこの種の解釈が、人間が抱く恐怖の複雑さをすべて説明するわけではない。なぜなら、私たちが恐れているように見えるものが、本当の恐怖ではないこともあるからだ。

コントロールを奪われて

「実際にはコントロールの問題だった。自分の安全地帯から一歩足を踏み出すと、いつも死んでしまうんじゃないかって気持ちになった」マックGは、オーストラリア行きの恐怖のフライトを拒んだ理由をそう説明している。[6] 飛行機に乗ったら、あなたは少なくとも数時間のあいだ、自分の運命をパイロットや搭乗員に預けることになる。航路や速度を自らコントロールできるわけではないし、泣き喚く子供や肘を押しつける隣の乗客にうんざりしても、勝手に飛行機を降りることはできない。自由に選べるのは、コーヒーかジュースかくらいのものだ。そのうえ、機上では限られた情報しか得られない。いまの揺れは通常の乱気流なのか、それとも憂慮すべきものなのか。パイロットは疲れているのか、シャキッと目覚めているのか。飛行機は時間どおりに到着するのか。コントロールを失うというのは心を乱される感覚だ。

　自分のいる環境をコントロールする能力が奪われてしまったら、たくさんの人がストレスや不安を感じるだろう。だから助手席よりも運転席にすわるのを好む人は多いし、渋滞で身動きがとれなくなると心穏やかではなくなる。他人の家に招待されるのが嫌いな人は、自由にふるまえないのが嫌だという。身体的な拘束は、人間や動物の精神をも動揺させるのだ。赤ん坊でさえ限られたコントロール能力を発揮したがる。哺乳瓶を自分で持つことを覚えたら最後、その特権を奪われると怒りを表明するだろう。幼児に成長する頃には、エレベーターのボタンを押すことから靴を履くことまで、何でも自分でやりたがる。その能力を妨げようとすればかんしゃくを起こしかねない。赤ん坊と違って、大人が地面に身体を投げ出して手足をバタバタさせることはめったにないが、それでも自由を取り上げられたら、主体性を損ねられたと思って困惑するはずだ。

　もちろん、コントロールを失うことへの恐れが、すべての恐怖症や深刻な不安の原因ではない。それでも、他のすべての条件が同じならば、コントロール可能なものより不可能なものの方が恐ろしく思えるだろう。野生動物、雷、動きが制限されるような狭い場所——これらはすべて、サイクリング、銃器の所持、セルフメディケーション（自主服薬）のように自分の管理下にあると認識されている行為よりも、大きな不安を引き起こす。しかし、実際に危険なのはあとに述べた方なのだ。コントロールを取り戻そうとすることで、さらに精神的な問題が生じてしまうこともある。摂食障害（体内に入るものを極端にコントロールしようとする場合）、依存症（心の状態や気分を何かでコントロールしようとする場合）、そして自殺（自分の命を断ち切る決意も、コントロールできないとされているものをコントロールしようとする試みだとみなされる）などがその例だ。

納税はなぜ苦痛なのか？

「コントロールすること」と「影響を与えること」は密接に関連している。誰かの信念や行動に変化を与えるとき、あなたはある程度その人をコントロールしている。逆に影響を及ぼされるとき、あなたは相手のコントロールを許している。だから「人間」と「コントロール」の繊細な関係を理解することは、「影響力」を理解するための基礎となる。それが理解できれば、私たちが影響されるのをいつ拒み、いつ受け入れるのかを、より正確に予測することができるかもしれない。

他人に影響を与えるためには、コントロールしたいという衝動を押さえ込み、相手が主体性を必要としているのを理解することだ。人は自分の主体性が失われると思ったら抵抗するし、主体性が強まると考えたら、その経験を受け入れ報酬とみなすものだからだ。

この原理をとてもわかりやすく示しているのが税金だ。税金を納めるのは、正直なところ嬉しい行為ではない。納税は正しい行動だと心から同意していても、自分が稼いだお金の三〇％か二〇％を（もしくは一〇％だとしても）、嬉々として政府に差し出す人はあまりいないだろう。実際、この苦役をすっかり回避してしまおうと考える人もいる。アメリカにおける年間脱税額は、四五八〇億ドルにも上るのだ。[7] しかもこの数字には、合法的に税制の抜け穴を利用する人々の手に落ちる額は含まれていない。そこで想像してみてほしい。あなたは政府の役人で、この数字を大幅に減らす任務を負っている。国民に税金を払わせる従来の方法としては、罰金を増額する、税務調査を強化する、国にとっての税金の重要性を広報する、などが挙げられる。それはそれで有効だが、不払い率は高いままだ。さて、あなたならどんな方法をとるだろう？

ひょっとして、税金をもっと楽しく支払えるようにはできないだろうか？　極端なアイデアに聞こえるかもしれないが、まずは納税がなぜ苦痛なのかを考えてみよう。税金として収入から相当額が差し引かれるわけだが、人が税金を嫌がる理由はそれだけではない。給料の三〇％を自分が選んだ慈善団体に寄付する分には、誰もさほどの不快感を覚えないに違いない。税金が他の支出よりも耐え難いのは、そこに選択の余地がないからだ。寄付をするときや食料を買うときは、いつどんなものにお金を使うのかを自分で決めることができるが、税については自由がない。支払いたいかどうか聞いてくれる人もいないし、払ったお金がどこに行くのかも定かではない。

人々が主体性を取り戻せたら、税金が支払われる率も上がるだろうか？　それを検証するために、三人の研究者が実験を行った。[8] 彼らはハーバード大学の研究室に学生たちを招き、様々なインテリアの写真を評価してもらった。報酬として一〇ドルもらえることになっていたが、学生は「研究税」としてそのうち三ドルを支払うよう要求される。三ドルは封筒に入れ、退出前に研究者へ手渡さなくてはならない。学生たちにとっては残念な提案である。これを順守したのは半数にすぎず、残りの学生は封筒に何も入れないか、要求よりも低い額を入れた。

この実験では、もう一つのグループが用意されていた。そちらの学生たちには、支払った研究税の使い道を主任研究員に提案できると伝えた（たとえば将来の研究参加者に飲み物や軽食を提供するなど）。すると驚いたことに、単に意思表示の機会を与えただけで、順守率が約五〇％から七〇％に上昇したのだ！　これは劇的な変化である。この上昇率を国税に当てはめたとしたら、あなたの国ではどれだけの意味をもつだろう？

この結果がハーバード大学のエリート学生限定ではないことを確認するため、より大人数で多様性に富むアメリカ人のサンプルを対象にオンライン調査が行われた。今回の参加者の一部には、連邦税の使われ方に関する最新情報を読む機会が与えられる。さらにそのなかの一群には、自分の払った税金をどのように使ってほしいか（教育には何％、社会保障や医療には何％といった具合に）意見を求めた。最後には参加者全員に、もしも怪しげな税制の抜け穴があったとして、それを使えば税金が一割減るとしたら、抜け穴を利用するかどうかを質問した。

税金の使い道について希望を述べる機会が与えられなかった群では、三人に二人（約六六％）が法の抜け穴を利用したいと答えた。対して、発言の機会が与えられた群でそう答えたのは半分以下（四四％）だった。この研究から、税金の使い方について情報を与えるだけでは不十分だということが明らかになった。変化をもたらすには、主体感を与えることが大切なのだ。

皮肉に感じるかもしれないが、他人の行動を変えたければ、コントロール感を与えるべきだ。主体性を奪われたら、人は怒り、失望し、抵抗するだろう。社会に影響を与えることができるという感覚が、意欲や順守率を高めるのだ。実験の参加者は実際にコントロールを任されたわけではなかった――自分たちの税金を何に使ってほしいか尋ねられただけなのだ。それでも、彼らの行動を変えるには十分だった。選択肢を与えられたら、たとえそれが仮定の話でも、コントロール感は増大し、それによって人々の意欲は高まるのだ。

「選ぶこと」を選ぶ

なぜ私たちはコントロールを楽しむのか？　自分自身で選択した結果は、押しつけられたものより自分の好みやニーズに合っていることが多い。だから私たちは、自分でコントロールできる環境の方が、高い満足度をもたらすことを知っている。選ぶという行為はコントロールの一つの手段だ。[9] たとえば、あなたが観る映画を私が決めてあげるよりも、自分自身で決めた方が、自分が楽しめる映画を（たいていは）選ぶことができるだろう。自由選択後の結果は好ましいという経験を繰り返すうちに、私たちの心の中では選択と報酬の関係が強固になり、選択そのものが報酬――探し求め享受するもの――になってしまったようだ。ラトガーズ大学の神経学者マウリチオ・デルガード率いる研究チームは、実験から次のような結果を導き出した。選択の機会が与えられることがわかると人は喜びを感じ、脳の報酬系である腹側線条体が活性化する。[10] 人間は選択それ自体を報酬と捉え、選択肢を与えられたら、「選ぶこと」を選ぶのだ。[11]

選ぶことが好きなのは人間だけではない。動物も自由選択を好む。しかも動物たちは、選んでも結果が変わらない状況下でも、選ぶことを選ぶ。エサに通じる二本の走路があるとしよう――第一の走路はまっすぐ伸び、第二の走路にはエサまでのあいだに右か左に折れる分岐点がある。そこでラットにどちらかの走路を選ばせると、後者を選ぶそうだ。[12] ハトでも同じことが言える。[13] ハトに二つの選択肢を与える――第一のキーをつつくと、エサが与えられる。第二のキーは二つに分かれていて、同じエサを得るためには二つのうち一つを選ばなくてはならない。このときハトは、選択肢のある第二のキーを選ぶという。もらえるエサに違いがないことをハトはすぐに学ぶが、それでも選択することでもらえるエサの方を好むらしい。

人間もラットやハトと同じだ。主体性、コントロール、そして選択を求める気持ちは、選択が必ずしも最終結果を改善しない状況にまで及ぶ。デルガードの実験を例に考えてみよう。デルガードが参加者に与えた選択は、バナナ・ナッツアイスクリームかミント・ピスタチオアイスクリームかといった嗜好の強いものではなく、画面に映った二つの形（たとえば、紫色の楕円とピンクの星）だった。どちらかの形を選ぶと、五分五分の確率で金銭的報酬を受け取れる。どちらが正しい答えかを知る基準はないので、参加者が自分で選ぼうとコンピュータに選んでもらおうと、まったく違いはないはずだった。それにもかかわらず、デルガードの実験が証明したのは、たとえ選択することに利点がないように見えても、私たちは自分の思うままに決断したがるということだ。この傾向は人間の生態に深く根差している。

よく考えてみれば、ただ与えられたものよりも、自分で獲得したものに対して内なる報酬を感じる機構の方が、適応という点では筋が通っている。ある行動が食べ物やお金や名声をもたらすことがわかれば、その後もまた同等のものを得るために、あなたは同じ行動を繰り返すだろう。しかし、何の努力もせずただ食べ物やお金や名声を与えられたら、この先同じものをくれるほどその人が親切なのかどうかは知りようがない。つまり、まったく何もせずに一〇〇〇ドルを獲得したら、一〇〇〇ドルは手元に残るが、将来どうやって稼ぐかという知識は残らない。反対に、たとえば調度品を売って一〇〇〇ドル儲けたなら、一〇〇〇ドル得するだけでなく、収入を得るための青写真が手に入る。あなたが取り組む物事は、望ましいものとして脳に記憶されなくてはならない。その価値は、そのもの本来の実用性と、将来利益を得るための情報の両方にある。生物としての人類が、自ら獲得に関わったもの――自らコントロールできるもの――を好むのは、適応のなせる業なのだ。

人間は選択を好むため、選ぶことを選ぶ。[14] でも、複雑で骨の折れる問題に遭遇したら、決断を望まないこともある。たとえば、選択肢を与えすぎると、人は圧倒されて何も選べなくなる。これは、シーナ・アイエンガーとマーク・レッパーの有名なジャムの研究で実証された。[15] アイエンガーとレッパーは、高級ジャムの種類が二〇以上あるときよりも六種類しかないときの方が、購入される確率が高いことを発見した。選択肢があるのは素晴らしいことだが、あまり多いと人はあっけにとられて、店を手ぶらで去ってしまうのだという。

では、多数の選択肢から選ばせたいときはどうしたらいいのか？　選択の樹形図を作ってみるのも一つの方法だ。ジャムの問題に当てはめてみよう。二〇種類のジャムをただずらりと陳列する代わりに、フレーバーごとに分けてみる。これで客は、ひとまずストロベリー、アプリコット、ブルーベリー、マーマレード、ラズベリーの五種類から一つの味を選べばいい。フレーバーが決まったら――たとえばアプリコットだとしたら、次は異なる四つのブランドから好きなアプリコットジャムを選ぶ。こうすれば選択のプロセスが簡素化されて、無理なく選ぶことができる。

選択の代価

コントロールしたいという願望が、逆に悪い結果をもたらすこともある。テオの例を見てみよう。テオは、ロサンゼルスのダウンタウンでバーテンダーをしている中年男性だ（注・身元の詳細は変更してある）。毎晩仕事が終わると、テオはチップで稼いだ小銭や紙幣をかき集めて、その戦利品をベッドのマットレスの下の保管場所に隠しておく。何年も経つうちに、ベッドの下には相当な額がたまった。小銭のジャラジャラという音で眠れない夜もあるほどだ。預金口座や投資口座に預けず寝室に隠しておくことで、利子分の損をしていることにテオは気づいている。それでも彼にしてみれば、この損失は自分の蓄えを完全にコントロールしているという安心感に見合う価値がある。

多くの人たちが同様の理由で、信用口座よりも安全な現物口座に十分すぎる資産を預けている。大手金融機関の調査によると、回答者の五人に二人が、財産を現金（小切手を振り出せる当座預金を含む）で持っている方が安心できると答えた。また同じくらいの割合の回答者が、現物口座を好むのはリスク回避のため、もしくは様々な選択肢を残しておくためと答えている。投資は人を不安にさせることもあるが、その根本的原因はリスクだけではない。投資の命運が自分の手ではなく、投資した会社やセクターに委ねられているという事実に、人は落ち着かない気持ちを抱く。それでも投資をするときには、いわゆる「自分のマットレスの下」に投資する――回答者の八四%が、自国の株に投資したいと答えたのだ。そしてこの調査は、自国株への投資が必ずしも最善の決断ではない世界の地域でも実施されている。

もちろん、自国のものを優先するのは愛国心からかもしれないし、他国の経済よりも情報が入手しやすいという事情もあるだろう。だがそうした優先傾向は、外国経済よりも国内経済の方が自分の意のままになるというまやかしの感覚にも影響されている。お金が近くにあるほど、人は安心できるのだ。自分の会社に投資してほしいと思うなら、その投資が物理的にも（あなたの会社が物理的に近い位置にあるなど）、精神的にも（その人にとって最もなじみ深い分野であるなど）、身近なものであるという感覚を与えるのが賢明かもしれない。

金銭上の選択は、たいていの人が思うよりもずっと感情に左右されやすいものだ。決断の裏には、複雑な理由が隠れていることもたびたびある。マットレスの下にチップを貯めていたバーテンダー、テオを思い出してほしい。テオが稼いだお金を隠しておいたのは、他人の手に委ねるという考えを嫌ったからだけではない。彼は自分の稼ぎを、自分自身からも守りたかったのだ。お金の使い方についての調査に答えたテオは、チップを硬貨のまま古いマットレスの下に隠しておくことで、衝動買いを抑えていたと認めている。彼は小さな財布に重い小銭を入れて持ち歩くことはしなかったし、デビットカードも持っていなかった。だから、気に入ったブーツやサングラスがあってもその場では購入できず、わざわざ家まで帰って硬貨を数え、再び店へ買いに戻らなくてはならない。この方法だと購入を検討するのにたっぷり時間をかけられるから、衝動買いをせずにすむというわけだ。突き詰めると、「現在のテオ」は「未来のテオ」をコントロールしようとしていた。お金に関して言えば、テオは他人よりも自分自身を信じていたし、何が起こるかわからない明日の自分よりも、比較的コントロールのきく環境下にある今日の自分を信頼していたのだ。

最近では、マットレスの下にお札や硬貨をしまったり、ブラジャーの中にダイヤモンドを隠したりといった、戦後の習慣らしきものを守っている人はほとんどいない。それでも、自分の財産を自分で管理したいという欲求は色濃く残っている。コントロールを保持したい人がとる方法の一つが、株の銘柄選択（ストック・ピッキング）である。「ワン・ミント」という金融ブログの著者マンシューについて考えてみよう。[16] マンシューは自称「ストック・ピッカー」である。つまり、金融アドバイザーを雇って投資してもらったり、インデックスファンドに資金を預けたりするのではなく、自分自身でリサーチし、買いたい銘柄を選択している。

「僕は銘柄選びが好きなんだ」とマンシューは言う。「その方が、選んだ株を自分で管理できるし、自分のお金がどこに投資されているのか正確に知ることができるからね。投資信託やＥＴＦ（上場投資信託）を買うのは落ち着かない。だって、ファンドマネージャーが何をしようが、いつどこの株式を買おうが、まったく手が及ばないから。自分で投資するのとは意味合いが違う……ファンドマネージャーの動向が気になっちゃうよ[17]」

自分で銘柄を選び、頻繁に株取引をする投資家は、損をする可能性が平均して高い。そうした調査結果が山のようにあることを、金融ブログを書いている彼ならよく知っているだろう。実際、市場で最も取引が下手なのは、個人で銘柄を選ぶ人たちだという。たとえプロに銘柄選択を任せたとしても、あなたの資産運用はインデックスファンドやＥＴＦに劣ることが多い[18]。このような知識を身につけながら、なぜマンシューは自分で選びたがるのだろう？

自信過剰だからだ、とあなたは思うかもしれない。確かに、なぜ人間は自分で選択するのを好むのかという問いに、自信過剰だからという説明は広く当てはまる。私たちは正確な情報を知っていながら、自分は普通の人よりうまくやれると信じてしまうようだ。このように自信過剰が果たす役割は大きい[19]。しかし留意すべきは、マンシューが自分で銘柄を選ぶ理由について、その方が儲かるからだとは主張していない点だ。それどころか彼は、自分の行動を感情という観点から説明している――自分で銘柄を選べばコントロール感が生まれるが、誰かに選んでもらうと不安を覚えるというように。彼が銘柄選択を好むのは、それが不安を軽減し支配感を高めるからだ。それによって銀行口座が豊かになるかどうかは関係ない。自分の財政状態に影響を与えるのは、他の誰でもなく自分自身だと感じていたいのだ。

コントロールを放棄するのに心理的コストがかかるなら、人はそれを維持するため、意識的にお金がもらえるチャンスを逃すだろうか？　その答えを出すために、同業者のキャス・サンスティーン（第1章でもご紹介した）、教え子のセバスチャン・ボバディア＝スアレス、そして私はある実験を行った。[20]私たちは参加者に「シェイプ・ピッキング・ゲーム」をしてもらった。コンピュータ画面に映る二つの形のうち一つを選んでもらい、当たればお金がもらえるというものだ。画面上には毎回新しい形が現れる。参加者にはしばらくのあいだ練習をさせ、自分がどれくらい上手に正しい形を選ぶことができるか、感覚を覚えさせた。私たちは参加者に気づかれないようゲームを操作し、当たりを選ぶ確率がちょうど五〇％になるようにした。これで半分は当たり、半分は外れることになる。練習後にどれくらいうまくできたか自己評価させると、全体的に参加者たちは自分の能力をわずかに過大評価し、標準を上回る確率で当たったと答えた。もちろん個人差は大きく、八〇％の確率で正しい形を選んだと信じる人もいれば、二〇％しか当たらなかったと答える弱気の人もいた。

さて、各自が「シェイプ・ピッキング」の出来を実感できたところで、彼らには専門家を雇う機会を与えた。専門家は正しい形を選ぶ手助けをしてくれる。良い形を当てる確率はその専門家によって違い、彼らの手助けで参加者が正しい形を選ぶのに成功したら、わずかな手数料が徴収される。たとえば、九〇％の確率で正しい形を選ぶ専門家だと一〇ペンス請求され、七五％成功する専門家だと五ペンス請求される、といった具合だ。成功率と手数料は参加者にすべてオープンにしてあるので、ちょっと計算すれば、専門家を雇う価値があるかどうかだいたいの算段はできたはずだ。最善の選択をするために必要な情報はすべて与えられた。さあどうするか？

「シェイプ・ピッキング」という言葉を「ストック・ピッキング」に変えて、このゲームがどれだけ現実世界における財政上の決断に似ているか見てみよう。自分で選んだ場合、平均して偶然以上の確率には恵まれない。ＥＦＴやインデックスファンドを選んだ場合、低いコストはかかるが、確率的には若干有利になる。実験の参加者たちはプロのシェイプ・ピッカーを雇おうと決めたこともあったが、その頻度は少なかった。私たちの設定では、二回に一回専門家に決断を委ねれば最も高い額が獲得できるようになっていたのに、参加者は三回に一回ほどしか選択権を委ねなかった。彼らは選ぶことを選び、その結果損をしたのだ。自信過剰を考慮に入れたとしても、自分で選ぶことを決めた割合はまだ高い。

興味深いのは、参加者たちが自分の行動を認識していた点だ。彼らにどれくらいうまく委託できたか――つまり、そうすべきときに専門家を雇ったかどうかを質問すると、驚くほど的確な答えが返ってきた。委託するのが少なかった人はそれがわかっていたし、最適な委託をした人にもその自覚があった。コントロールを手放さないことでお金を失うとわかっていても、心理的利益のためにあえてそうしたようにも見える。彼らの費用便益分析は冷静な損得計算ではなく、むしろ感情的な利益を考慮に入れたものだった。

もちろん場合によっては、選ぶことと委ねることの費用対効果を考えた末に、逆の道をとることもある。たとえば、選ぶことが小さな喜びを喚起してくれるとしても、結果的な利益がはるかに大きい状況では、専門家に選ばせることが主体性という感情的な利点を上回るだろう。他人に委ねる理由は他にもある。決断するのに十分な時間がなかったり、努力するのがあまりに面倒だったり、結果に対して責任を取りたくなかったりする場合だ。あなたは、家族の将来に関わる重大な決断は配偶者に任せたいかもしれないし、仕事上の決定を同じチームの同僚に下してほしいと願っているかもしれない。結果が最善でなかったときに後悔したくないからだ。それでもなお、これらすべての場合において、人は決断を押しつけられるよりも、それを他人に委ねることを選ぶ権限をもちたいと望んでいる。それならば、選択肢を与えるに越したことはない。たとえば私は三歳の娘にこう問いかけることがある。「お洋服をママに選んでもらいたい？　それとも自分で選びたい？」。娘は自分で選びたがることもあれば、私に選んでほしがるときもある。委託する力を行使することで、主体性は維持されるのだ。

健康で幸福な老人

自分の人生をコントロールしていると感じられる人は、より健康で幸せだ。[21]それを念頭に置いて考えると、私たちの実験の参加者はマンシューやテオ同様、「合理的」にふるまっているのかもしれない——コントロールを維持することによって、幸福感を高めていたのだから。たとえば、その他の条件が同じなら、自分がコントロールしていると思っている癌患者の方が長生きするし、心疾患のリスクの低さもコントロール感の高さと関係している。[22] 恐れ、不安、ストレスなど、身体に有害なすべてのものがコントロール感によって減少することを考えれば、意外ではないかもしれない。

それでは、人々のコントロール感を増大させることができたら、その人の幸福度は高まるだろうか？イェール大学のジュディス・ロディンとハーバード大学のエレン・ランガーは、一九七〇年代に行われた古典的研究のなかでそれを解明しようとした。[23] ロディンとランガーは、コントロール感の深刻な低減を経験した人たちの集団に関心をもった。運が良ければ私たちもいつか仲間入りできるかもしれないその興味深い集団とは、高齢者である。歳をとるにつれて、自分の生活や環境をコントロールする能力は着実に減っていく。ある人にとってその低減は、定年退職して通常は働くことで得られる主体性を失ったときから始まる。それは身体の衰えとともに減り続け、最も顕著になるのは介護施設に入ったときだ。毎日のスケジュール、いつ何を食べるか、自由時間には何をするか、大人になってからずっと自分で決めてきたことを、突如誰かが決めてくれるようになる。運転、買い物、料理など、それまでは自分で行っていたかもしれないすべてのことを、誰かが代行してくれる。これではまるで、残りの人生をずっと飛行機に乗って過ごすようなものだ。パイロットは善意にあふれているが、いかんせんあなた自身が操縦しているわけではない。

ロディンとランガーが足を踏み入れたのは、そのような場所だった。二人は高齢者を操縦席へ戻してはどうかと考えていた。介護施設の入居者に、もっとたくさんの選択肢や責任、強い主体性をもたせたらどうなるだろうか？　より健康で幸せになれるだろうか？　言い換えるなら、高齢者のコントロール感を高めることで、その人生に影響を与えられるだろうか？　その答えを探るため、二人の研究者はコネチカット州の介護施設に連絡を取り、管理者たちに実験への参加を打診した。施設側は賛意を示した。

その施設にはフロアが四つあり、ロディンとランガーは無作為に選んだ一つのフロアを「主体性フロア」とし、もう一つを「非主体性フロア」とした。主体性フロアの居住者は一堂に集められ、スタッフの説明を受けた。「自分のことはすべて自分で責任をもちましょうね。必要なものが全部揃っているかどうか自分で確認して、空いた時間をどう過ごすか自分で決めていきましょう」。さらにそのフロアの老人たちは一人ずつプレゼントをもらった――部屋に飾る鉢植えの植物で、自分で世話をしなければならない。「非主体性フロア」の居住者も一堂に会したが、スタッフの説明はまったく違った。「私たちが心を込めてみなさんのお手伝いをしますから、何もする必要はありませんよ」。彼らもまた植物を一鉢ずつ手渡され、それについてはスタッフが水やりをすると告げられた。現実には両グループに大きな違いはなかった。「非主体性フロア」の住人も、「主体性フロア」に住む友人のように、望めばいつでも水やりをすることができたし、何でも自分で決断することができた。ただ、主体性への認識が変わってしまった結果、彼らの行動は変化し、自分が主導権をもつことは少なくなった。

三週間後、ロディンとランガーが入居者の状態を評価したところ、身のまわりの管理を推奨されたグループは最も幸福を感じ、たくさんの活動に参加するようになっていた。頭脳も明晰になり、一年

図 6　主体性。コントロール感を増大させる。他人の行動に影響を与えたいとき、私たちは本能的に命令をしてしまいがちだ。この方法がうまくいかないことがあるのは、主体性が制限されていると感じたとき、人は不安になってやる気をなくし、抵抗しやすくなるからだ。反対に主体性を高めてやると、人はより幸せで健康的になり、生産性も上がって、話を素直に聞くようになる。たとえば、自分が払った税金がどのように使われるべきか助言する機会を与えると、税金を全納する確率が上がる。人に影響を及ぼすためには、コントロールしたい衝動を抑えて、選択肢を与えるのが必要なときもある。

半後には「非主体性フロア」の住人より健康になっていた。

この種の実験について私が目を見張るのは、介入のシンプルさである。少しばかりの責任を与え、選択肢があることを思い出させるだけで、人の幸福度は高まるのだ。この知識は家庭でも職場でも非常に役に立つ。あなたが親ならば、子供たちにもっと責任を与えればいい。職場では、従業員を意思決定のプロセスにどんどん関わらせることで、意欲や満足感を促進することができる。恋人がいるのなら、二人がこの先どんな人生を歩んでいきたいか、いつでも言い合える環境を作るのもいいだろう。興味深いことに、コントロール感に必要なのは「感じること」なのだ。命令するのではなく、「主体性」を大切にしながら相手を最終的なゴールへ導く方がうまくいく。

第3章の冒頭で紹介したエピソードを思い出してほしい——東海岸の病院では、医療スタッフに手を洗わせるためにある介入を行った。この介入が成功した理由の一つは、常套手段である命令（「従業員は手を洗うこと！」）を用いる代わりに、病院に電光掲示板を導入して、スタッフが手指消毒を行うたびに肯定的なフィードバックを与えたことだ。命令を下してスタッフの主体性を制限するのではなく、事態を良くするのは自分自身の責任だとスタッフに実感させることで、経営側はスタッフの主体性を高めた。公私それぞれにおいて人々の生活を向上させるためには、コントロール感の増大を図るのが効率の良い方法なのだ。

自分で刈った芝生は青い

ハーバード・ビジネス・スクールのマイケル・ノートンが執筆した論文を、数年前に読む機会があった。ノートンが同僚と取り組んだ一連の研究は「イケア効果」と呼ばれ、その論文にまとめられている。[24] イケア効果というのは、「自分が作ったものには、他人が作ったまったく同じものよりも価値を感じる」という観察結果に基づいた現象である。その一例が、自分で組み立てたイケアの棚の方が、既製のまったく同じ棚よりも良く見える傾向だ。たとえ仕上がりが歪んでいても、自作の棚の方が実際に良く思えてしまうものらしい。それが手編みのマフラーでも、ツリーハウスでも、チーズラザニアでも、人は通常自分で作ったものを過大評価してしまうようだ。

これはコントロールすること（この場合は周囲のものを操作すること）の価値が自分の作品上に光を放ち、それによって輝きが増して見える例ではないか、と私は考える。けれども、価値を高めるためには実際に何かを作る必要があるのだろうか、それとも自分で作ったと信じるだけで輝きは十分に増すものなのか。疑問に思った私はマイケル・ノートンに連絡を取り、教え子のラファエル・コスターや同僚のレイ・ドランを交えて実験を行った。コントロールしているという感覚さえあれば、主体性の恩恵に与ることができるのかどうかを探るためである。[25]

私がそのような可能性を疑うようになったのは、そう遠くない過去のある出来事がきっかけだった。何年か前、私の両親は私が子供の頃に住んでいた家を出て、街の近くのタウンハウスに居を移した。数十年のあいだにたまった物の山を仕分けていた私は、自分が一〇代の頃に描いた絵の束を見つけた。なかでも風景を描いた油絵が気に入ったので、自宅に持ち帰って飾ることにした。寝室の壁に掛けたその絵を見ると、喜びがあふれ出てくるようだった。若い頃の自分が、こんな作品を創造する能力に恵まれていたなんて。我ながら感心し、幸せな気分に浸ったものだった。そしてその日も、自分の芸術作品を眺めながら恥ずかしげもなく悦に入っていた私は、絵の隅っこにサインのようなものがあるのに気がついた。辛うじて見える程度だったので、これまで見逃していたのだろう。驚いたことに、私を見つめ返すそのサインは私のものではなかった。私の素晴らしい創作物に、他人の名前が記されている。作品に対する私の認識は一瞬のうちにひっくり返った。筆使いがたちまち雑に見え、色彩はわざとらしくなり、主題は陳腐に感じられた。その風景画がまもなく壁から外されたのは言うまでもない。ただちに取って代わったのが、子供たちの写真だ。少なくとも、彼らは間違いなく私の創造物である。

もちろん、他人の作ったものには価値を見出せないと言いたいわけではない。私たちは楽しみを得るために、始終自分で小説を書いたり、作曲したり、レストラン並みのごちそうを作ったりする必要はないのだ。また、自作のものがそうでないものよりいつも良く見えるとも限らない。それでも他の条件が同じならば、自分が何かを作ったと信じることが、実際にはそうでなくてもその価値を高めるのかどうか、私は知りたかった。

そこで私は、この考えを試すための実験を考案した。実験に取り入れたのは、コンバースのスニーカーだ。まずは参加者を実験室に集め、コンピュータ画面に映し出される八〇種類のコンバースのスニーカーを評価してもらう。その色やデザインは、それぞれ少しずつ異なっている。次に私たちは、それらのスニーカーを二つのグループに分けた。仮に半分を「クリエイト（創作）」シューズ、もう半分を「ウォッチ（見るだけ）」シューズと呼ぼう。クリエイトシューズの四〇足については、参加者がコンバースのホームページにログインして専門のオンラインツールを使い、最初に見たそれらのシューズを、もう一度自分自身の手で正確に作り直してもらう。ホームページには、誰でも自由に自分だけのスニーカーをデザインできるアプリがあったが、この実験では使えるデザインや色は定められているため、自分の好みのスニーカーがデザインできるわけではない――単に、もともとあったものを再現するだけだ。ウォッチシューズの四〇足については、靴が作られる工程をビデオにしてパソコン上で見てもらった。参加者は画面の前にじっとすわっているだけで、クリックなどの動作もない。クリエイトシューズとウォッチシューズの違いはそれだけだ。参加者はすべてが終わった二時間後、再びすべてのスニーカーを評価するよう指示される。

　私の風景画と同じように、実験参加者たちにとっても、二時間前に自分が作成したと思われるスニーカーの方が、見るだけだった（と信じている）スニーカーよりも高評価だった。実際にデザインしたかどうかはまったく問題ではなく、唯一重要なのは自分が作ったと信じることだった。八〇種類ものスニーカーを覚えるのは大変な作業で、参加者たちは見るだけだった靴をデザインしたと思い込んだり、実際にデザインした靴を見るだけだったと勘違いしたりしたこともあった。だが、自分で作ったという記憶は、それが本物でも偽物でも、その靴の評価を高めるのに十分な役割を果たす。一方で、いったん記憶が抜け落ちると、創造がもたらす恩恵も失われる。赤地に青い縞の入った緑の靴ひもの可愛いスニーカーをデザインしても、あとで自分が作ったものではないと思ったら、それ以上価値が上がることもなかった。

以上が意味するのは、人々に責任や選択肢を与えるだけでは十分ではないかもしれないということだ。つまり、その人が自分でコントロールしているということを、折に触れて思い出させてあげなくてはならない。コネチカット州の介護施設で「主体性フロア」に住む白髪のマーガレットは、植物に水をやるのを忘れていた。しかし介護スタッフが水やりを思い出させれば、マーガレットは主体的でいることの利益を受けることができた。言い換えれば、大切なのは認識であり、客観的事実ではない。他人に何かを重視させたいときは、自分が関与したと感じさせることが必要なのだ。

＊　＊　＊

「脳の究極の機能は思考することである。想像し、熟考し、着想を得るための体内の司令部が、脳という臓器なのだ」私たちはそんなイメージを抱いてはいないだろうか。もちろんそれも脳の大切な機能だが、第一の目的ではない。脳は私たちが身体を動かし、それによって環境に作用できるよう進化してきた。[26] 脳にスローガンがあるとしたら、「周囲の環境を支配せよ」というのがぴったりかもしれない。人間は生物学上、自分がコントロールしているときは満足感という内なる報酬を受け、そうでないときは不安という報いを受けるようにできている。周囲の環境を支配することは繁栄や生存につながるから、概してこれは優れた設計と言えるのだろう。ただ、支配したいという強い欲望は、諦めるべきときになかなか諦められないという代償を伴う。

私たちも、時には気楽にすわって旅を楽しむべきなのだ。パイロットが飛行機を完璧にコントロールしてくれるのはありがたいことで、自分自身に任せたらあっというまに墜落してしまうだろう。長年の医学教育を受け実践を積んだ医師に、医療上の判断を任せるのは最善の方法だ。お金をマットレスの下ではなく銀行に預け、ストック・ピッキングを避けるのは賢明と言えるだろう。それでも、他の人間にコントロールを譲るのは、やはりこのうえなく恐ろしい。

多くのマネージャーが、生産性や士気を損ねるにもかかわらず、部下を細かく管理する必要があると感じてしまうのはこのせいだ。しかし影響を及ぼすためには、時にコントロールしたい衝動を乗り越え、代わりに選択肢を与えなくてはならない。

容易ではないかもしれないが、気づきがあれば衝動は乗り越えられる。このような人間の生態を理解し、意思決定への根深い欲求を認識できれば、たまに誰かにハンドルを握らせるのは難しくない。ほんの少しのコントロール、またはコントロール感を与えることによって、相手の幸福度と意欲が増すということは、気づきがあれば理解できるだろう。[27] 皮肉だが、手綱を手放すことは、影響を与えるための強力な手段なのだ。たとえば親ならば、好き嫌いの激しい子供に自分で特製のサラダを作らせて、野菜に興味をもたせることもできる。生徒に自分だけの時間割を作る機会を与えたら、学習意欲が高まるかもしれない。取引先に多くの選択肢を与えて、満足感を増進するのもいいだろう。社内規定の作成に従業員を参加させれば、意欲の促進につながる可能性がある。主体性をもたせるのは、人をより幸福で健康にし、さらなる成功を収める手助けをするのにうってつけの方法だ。コントロールを委ねること、もしくはコントロールしている気持ちにさせることは、最終的には人を行動させるうえで最善の方法になるのである。

5　相手が本当に知りたがっていること（好奇心）

今度飛行機に乗る機会があったら、離陸前に機内安全ビデオが上映されているときの周囲の様子を眺めてみるといい。もしかしたら自分の命を救ってくれるかもしれない説明に、何人が注意を払っているだろう？　そして何人が、フェイスブックで友人からの投稿を最終チェックしているだろう？乗客は「囚われの聴衆」だとあなたは思うかもしれない。どこにも行けず自分の席に縛られているのだから。でもざっと見渡せば、彼らは搭乗員なんかそっちのけで、自分の世界を楽しんでいる。

いつものあれでしょ、とあなたは反論するかもしれない。シートベルト、酸素マスク、救命胴衣、非常口――わかっていることばかり。しかし実際のところ、乗る飛行機によって安全機能は異なる。それにまったく同じ機種に乗ったことがあったとしても、しっかり耳を傾けるべきなのだ。というのも、離陸直前に安全手順を復習することで、脳の必要な回路が再活性化し、いざというときその動きを無意識にできる可能性が高くなる。緊急事態に迅速な反応は欠かせない。

航空会社のスタッフは、乗客が本能的に一番近い出口を見つけ、救命胴衣の場所や安全な膨らませ方をすぐに思い出してくれるはずはないという当然の想定をしていた。彼らは難題にぶち当たっていた。搭乗員の言葉にまったく興味を示さない乗客に、きわめて重要な情報を確実に伝達しなくてはならない。

難しいのは、伝えたいメッセージが「斬新で効果的」には思えない点だ。そのうえ飛び立とうとするそのときに、乗客は緊急着陸や火災、酸素不足について考えたくもないだろう。目的地の天気をチェックし、フェイスブックに新たに投稿された赤ちゃんの写真を眺める方が、心が晴れやかになる。航空会社は何年も解決策を見出そうとしてきた。重要だが不愉快な情報に、どうしたら人々は耳を傾けてくれるのか？　乗客の心をつかみ、行動に影響を与えるためには何ができるだろう？　そのとき、こんな考えが彼らの頭に浮かんだ。恐怖心を喚起するメッセージは必要ない。人々が明るい日差しを欲しがっているのなら、太陽を照らしてみせようじゃないか！

現在の機内安全ビデオには、モデルが水着でブレイクダンスを披露するものから、可愛らしいアニメバージョンのもの、そしてスタンダップ・コメディ仕立てのものまで、ありとあらゆる工夫が凝らされている。その多くは、素敵な旅の目的地に光を当てたものだ。ビデオに見入ってしまうのは、注目したくなる条件の少なくとも一つを満たしているから――それはポジティブな感情である。

事実こうしたビデオはとても人気があり、自宅で鑑賞する人もいるほどだ。歌とダンスが満載の

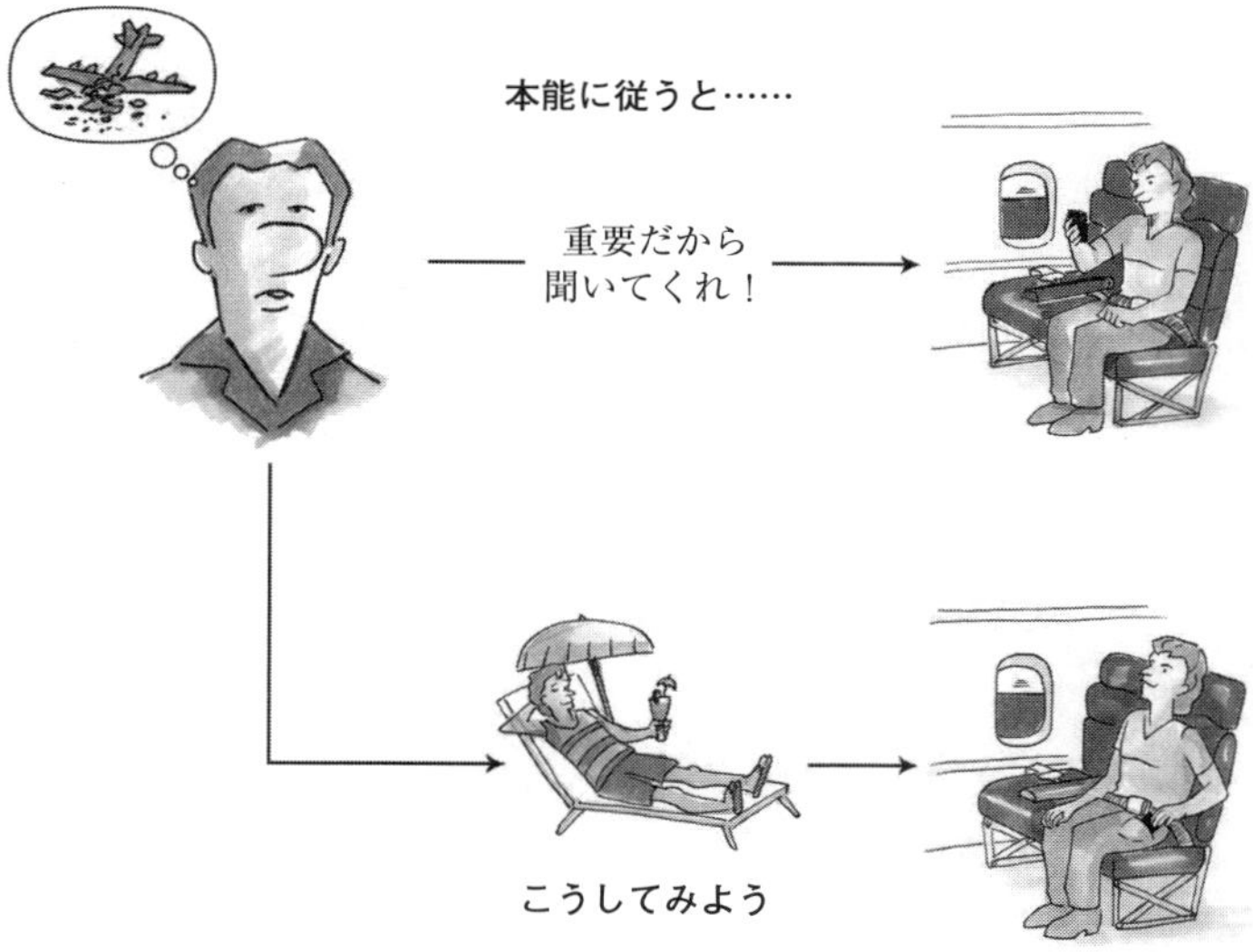

図７　好奇心。暗い見通しから、ポジティブな可能性を強調したメッセージに再構成する。私たちは伝えなければいけない大事な話があるとき、相手もそれを知りたがると直感的に思いがちだが、それは間違っている。とりわけそれが（機内安全ビデオのように）気の滅入るような内容だったら、多くの人が自発的に避けるだろう。航空会社の例をもとに、あなたの提供する情報が前向きな感情を誘発するよう構成し直すといい。また、あなたが埋めようとしている情報のギャップを強調し、物事が良くなるためにはその知識がいかに役立つかを明らかにすることだ。

ヴァージン・アメリカの機内安全ビデオは、一二日間でユーチューブの再生回数五八〇万回、フェイスブックのシェア数四三万、リツイート数一万七〇〇〇を記録している(1)。

ここにきわめて重要な教訓がある。職場でも家庭でも、何か大切なことを伝えなければならないとき、私たちは直感的に相手がそれを聞きたがっていると思いがちである。しかしこの直感は間違っている。命を救うかもしれない情報にさえ注意を払わない人間が、あなたの言うことに耳を傾けるとは考えにくい。相手がどうしたら聞きたい気持ちになるのかを考え直し、それに応じてメッセージを再構成することが必要なのは、人に影響を与える際、聞いてもらうことは絶対に欠かせない要素だからだ。では、人々は何を知りたがっているのだろう?

ギャップを埋める

二〇〇五年、マンハッタンの大企業で投資銀行家として働いていたケイトは、MBA(経営学修士号)を取得するため、ビジネススクールに出願する決意をした。第一志望はハーバード・ビジネス・スクールだ。彼女は受験に備えて相当な時間と労力を費やした。ビジネススクール入学適性テスト(GMAT)を受けるために昼夜を問わず勉強し、担当者の目にとまるような履歴書を作成するのに骨を折り、推薦状が印象的かどうか念入りにチェックした(注・私はイーサン・ブロムバーグ＝マーティンとの会話の中で、このストーリーに着目した。ケイトは架空の人物で、二〇〇五年に実際の事件に巻き込まれた一一九人の受験生の典型である)。最終受付日が近づき、ケイトは指定のウェブサイト(www.ApplyYourself.com)を通じて出願書を提出した。彼女は三月三〇日に届くことになっていた合否通知を落ち着かない気持ちで待っていた。

運命の日の数週間前、ケイトは友人からメールを受け取った。それは受信トレイに入っている他のメッセージと同様、まったく無害なものに見えた。ところが、このメールが彼女の人生に深刻な影響を与えることになる。「要チェック——あなたの知りたがっていた結果がここに!」というのがメールの件名だ。メッセージにはリンクが貼ってあり、ビジネススクールの学生がよく訪れる「ビジネスオンライン」というサイト内のディスカッション掲示板につながるようになっていた。

ケイトがリンクをたどると、「ブルックボンド」と名乗るユーザーからの投稿があった。どうやらブルックボンドは、ハーバード・ビジネス・スクールが多数の出願者の合否を早々に決定したことを嗅ぎつけたらしい。そのデータは、ハーバードなどの一流校が出願手続きを効率化するために使っているウェブサイト「アプライ・ユアセルフ」内に保管されていて、最低限の技術があれば、どの出願者も決定通知を発表前に見ることができるという。続くブルックボンドの投稿では、その方法が詳しく説明されていた。ケイトに必要なのは、いままで何度もやってきたように、自分のIDとパスワードでアプライ・ユアセルフのサイトにログインすることだけだ。ログインしたらその画面のまま、ブルックボンドが詳述するやり方に従ってURLに変更を加える。すると不合格通知か、もしくは何もない画面が現れ、後者だった場合、ハーバード・ビジネス・スクールへの門が開かれたことを意味する。

ケイトは機械的に新しいウィンドウを開き、震える手でサイトのアドレスを入力した。心臓が激しく脈打っている。ログイン後、ブルックボンドの指示に正確に従い、URLを変更する。彼女は深呼吸をして、エンターキーを押した。永遠とも思われる瞬間。だが、ほどなく画面が変わった――何も映っていない。空白の画面！　それは彼女の人生の中で最も美しく、最も刺激的な空白だった。ケイトは感極まっていた――ハーバード・ビジネス・スクールに合格したのだ！

しかし、それは夢に終わった。同じ日の真夜中近く、出願者の一人からハーバード入学審査部宛に、システム障害を問い合わせる電話があった。問題解決のために、ただちに専門家チームが招集され、翌朝九時までにはバグが修正される。その後まもなく、盗み見を試みた出願者一一九人全員を不合格にするという発表があった。ハーバード側に言わせると、その行為は倫理に反するとのことだった。[2]

読者はどう思うかわからないが、私にはケイトの気持ちがよくわかる。何年も前だが、大学院の合格発表をやきもきしながら待っていたことを、今でもはっきり覚えているからだ。不安な気持ちで数ヶ月を過ごし、入学決定までの最後の数週間は眠ることすらままならなかった。幸い私はブルックボンドのような人物と遭遇することはなかったものの、もし同じことが起こっていたら、若かりし自分がケイトとは違う決断をしていたように祈らずにはいられない。ただ、一つだけ確かなことがある。私は一刻も早く知りたくてたまらなかった。だがなぜそんなにも切迫していたのだろう？　何が私を駆り立てていたのだろうか？

私にとって、結果を早く知ることに具体的なメリットはなかった。第一に、結果を変えることはできない。また、返答すべき別のオファーがあったわけでもないし、他の大学院に出願するにはもう遅い。仮に博士課程に在籍できなくても仕事は続けられるから、即刻キャリアプランを立て直す必要もない。しかも、すでにその大学院がある街に住んでいる。要するに、先回りして情報をもらっても目に見える利益はないのだ。それでも私は、どうしても、どうしても、どうしても知りたかった。一見無益なその情報が合法的にお金で買えるなら、私はそうしていただろう。

知りたいと願うのが人の常だ。最寄りの薬局に立ち寄り商品棚を眺めてみると、そこにはたった一〇ドルで未来を覗かせてくれる小さな道具があるはずだ。特定の個人がこの道具を使うと、現実が明らかになる数日前に、将来待ち受けている何かがわかる。ちょっと料金を足して最高級品を求めれば、同じ情報が通常の商品を使うよりも二四時間早くわかるそうだ。[3]

もしもあなたが二本のX染色体を有しているならば、私が何の話をしているかおわかりかもしれない――そう、妊娠検査薬だ。誰の目にも明らかになる前に自分やパートナーの妊娠を知ることの実際的な利点を考えた場合、検査結果を一日早く得る機会に多くのお金を費やすのは合理的とは言えないかもしれない。[4]それでも、世界中の何百万人もの人々が検査薬を利用している。その理由の一つは、不確実であることの不快感を減らしたいからだ。たとえその情報をうまく利用できないとしても、人間には知識のギャップを埋めたいという欲望がある。情報不足は人を不安にさせるが、ギャップを満たすことで人は満足感を覚える。だからこそ妊娠検査薬はよく売れるし、ケイトは好奇心に負けてしまったのだ。

相手の知識のギャップを埋める情報をもっているのなら、ギャップがあることを思い出させてあげるといい。たとえばケイトの受け取った「要チェック――あなたの知りたがっていた結果がここに！」という件名のメールがそうだ。彼女はこれによって、秋にハーバードへ通えるようになるかどうかわからないという事実に着目させられた。また、インターネット上の釣り記事《クリックベイト》に、「知る人ぞ知る、ガーデニングに夢中な一〇人の有名人」、「実は鼻を整形していた三人の政治家」といったタイトルのものがあるが、これらは元々存在しなかった知識のギャップを人々の心に作り出す。どの有名人が植物好きで、どの政治家の鼻が歪んでいたかなんて一度も考えたことがなかったのに、知識のギャップを指し示されたら埋めてしまいたい衝動に駆られる。知らないことを指摘されたら、知りたくなるのが人間だ。この欲求が進化の早い段階で身についたものであることを、これから学んでいくことにしよう。

情報は気持ちいい！

神経科学者のイーサン・ブロムバーグ＝マーティンと彦坂興秀は、独創的な実験を行い、サルもまた知りたがりであることを証明した。[5] この毛むくじゃらの動物は、ハーバード・ビジネス・スクールに出願しないのはもちろんのこと、自分たちの生殖に関する情報を知りたがろうともしない。サルの心を支配するのは、〇・八八ミリリットルの水（大きな報酬）がもらえるか、〇・〇四ミリリットルの水（小さな報酬）しかもらえないか、という問題だ。

実験はこのようにして行われた。サルは一回のテストごとに水がもらえるようになっていて、それには多い場合と少ない場合がある。水が出てくる数秒前に、画面に映る二つの記号（青い星とピンクの四角など）のどちらかに目をやることで、事前の情報が欲しいという意思表示をすることができる。サルは数週間に及ぶ訓練を受け、すべての記号の意味を理解していた。もしも事前情報を受け取る方を選んだら、画面に第三の記号（たとえば赤い丸）が現れて、出てくる水の量が多いか少ないかが示される。そしてようやく、サルの乾いた喉がうるおされる。

すべてのデータを収集したブロムバーグ＝マーティンと彦坂は、ある発見に目を見張った。サルは事前の情報を欲しがっただけでなく、進んでその代価を払ったのだ。報酬が大きいか小さいかを前もって知ることができるなら、サルは貴重な数滴の水を逃すことすら厭わなかった。そして何度も繰り返し、知りたいことを示す目の動きをした。きっとサルたちもケイトのように、結果を知るためならブルックボンドの指示に従ってアプライ・ユアセルフにログインしただろう。情報を好むのは、人間特有の性質ではないようだ。進化の点から見ればそれが古くからの欲望だということがわかったが、生物学的には何がこの衝動を駆り立てているのだろう？

可能性のある答えを導き出すため、ブロムバーグ＝マーティンはサルの脳内のニューロン活動を記録した。彼はサルの脳の奥深くに微小電極という細い金属を挿入し、記録したいニューロンの近くに埋め込んだ。ニューロンは発火すると電気信号を発生し、それがニューロン末端まで伝わると次の細胞へと情報を伝達するのだが、微小電極を用いることで、このときの電位変化を観測することができる。観察の結果、サルの脳が情報それ自体を報酬として捉えていることが明らかになった。「ドーパミンニューロン」と呼ばれるこれらのニューロンは、水や食べ物に反応するときと同じように、情報に反応して発火したのだ。

ドーパミンニューロンは、神経伝達物質としてドーパミンを放出する神経細胞である。このニューロンは、中脳という進化的に古い脳の部位から、脳の様々な領域（報酬情報を処理する線条体や、計画性に重要な前頭葉を含む）へ信号を送っている。報酬が手に入りそうなときや、予期せぬ報酬が手に入ったときに放出されるドーパミンは、情報が得られそうなときや、思いがけない情報が得られたときにも放出されることがわかった。セックスやプラムパイのように実体のあるご褒美に対する電気信号も、単なる情報に対する電気信号も、脳内ではまったく同じように見えるというわけだ。事実ブロムバーグ＝マーティンが衝撃を受けたのは、情報を期待したときのニューロンの発火率が、〇・一七ミリリットルの水を得たときの発火率とほぼ同じだったことだ。言い換えれば、ニューロンは生存に不可欠な水分に興奮するのと同じように、事前の知識に興奮したのだ。

これらの研究結果は、私たちがグーグルやツイッターに執着するわけを部分的に説明してくれる。水や食べ物やセックスを求めるのと同じ神経作用で、私たちは情報を求めずにはいられない。しかし疑問はまだ残っている。それはなぜなのか？　人間の脳は、いったいどんな理由があって、生きるために必要なものと知識を同じように扱うのだろう？

簡単に答えるなら、多くの場合、情報もやはり生存に不可欠だからだ。事前の知識はより良い決断を下す助けになる。野生のサルは、もうすぐ大きなバナナが手に入るとわかっていれば、その場を離れない決断ができるだろう。逆にバナナが小さいとわかっていれば、よそを探そうとするかもしれない。確かにブロムバーグ＝マーティンの実験において、サルは情報を有益に使うことはできなかった──椅子にすわらされて、他に行くところがなかったからだ。それでもサルの脳は、情報は無知よりましどころか、水と同程度に大切だという「汎用ルール」に従って反応したのだ。

良い知らせ、悪い知らせ

ブロムバーグ＝マーティンのサルが、多い方の水がもらえるかどうかを事前に知りたがったのには、もう一つの理由がある。水がまもなく手に入ることを知ると、気分が高揚する。サルはその興奮を求めるのだ。情報は、どう行動するかという決断ばかりでなく、そのときの気分にも影響を及ぼす。それゆえ情報は信念の形成に重要な役割を果たし、信念は幸福感に深く関与することになる。

オスカーとアルバートについて考えてみよう。アルバートは刑務所に入っている。彼の独房は小さく、じめじめしていて、寒い。剥き出しの壁に囲まれ、寝心地の悪い木製ベッドの上で、アルバートは深夜なのにぱっちり目を覚ましている。さぞ惨めな気持ちだろう、とあなたは思うかもしれない。ところが実際、彼は喜びに胸を高鳴らせている。翌日には釈放されて、刑務所から家に帰れることを知っているからだ。明日の夕食のために、家族は美味しいロースト・ターキーを用意して待っている。暖かく心地良い家の中で、家族みんなでそれを楽しむのが待ちきれない。

一方のオスカーは、暖かく心地良い家の中で、家族と美味しいロースト・ターキーの食卓を囲んでいる。楽しくてご機嫌そうだな、とあなたは思うかもしれない。しかし実際には、彼の心は沈んでいる。彼が憂鬱なのは、明日刑務所に入ることを知っているからだ。オスカーは小さく、じめじめしていて、寒く、剥き出しの壁と寝心地の悪い木製ベッドがある独房に収監されることになっている。

もしもあなたが、オスカーとアルバートの頭の中で起こっていることを知らず、ただ遠くから二人を眺めていたら、暖かくさっぱりした部屋で満腹しているオスカーの方が、寒く湿った部屋でお腹を空かせているアルバートよりも幸せだと思うだろう。アルバートの現実が自分に降りかかるのを望む人はいないが、彼の心の中はお祭りだ。空には風船が浮かび、太陽が輝き、花が咲き乱れている。アルバートにとって情報は至上の喜びであり、周囲を包む暗闇からの救いである。現在オスカーは、アルバートよりずっとましな現実を過ごしているが、心の中ははるかに荒涼としている。翌日投獄されるという認識は、彼の幸福に重大な影響を与える。これから起こることを知らなければ気分爽快でいられるのに、オスカーは知っていて、しかもその情報は悲惨きわまりないものなのだ。

人間は、報酬を得たり苦痛を避けたりすることに意欲的だ。しかしそれだけではなく、これから訪れる報酬や苦痛を信じることにも意欲を燃やす。なぜなら信じることは、実際の出来事と同じように人を幸せにしたり悲しくさせたりするからだ。情報に打ちのめされたり元気づけられたりしてきた経験を生まれたときから積み重ねてきた私たちは、情報が気持ちに影響を及ぼすことや、情報を利用して感情の調整ができることを、身をもって知っている。結果として人は選択的になり、心地良い信念を形成してくれる情報で心を満たし、不快な考えをもたらす情報を避けようとする。新しい機内安全ビデオが以前よりずっと乗客の心をつかむようになった理由の一つはここにある。

ある実験で、私とフィリップ・ジェシアルツはくじ引きゲームを行った。コンピュータ画面に、毎回二つのドア（青いドアと赤いドア）が現れる。ドアの向こう側には必ず賞金があり、それは比較的高額なものから少額なものまでいろいろだ。赤いドアは青いドアよりいつも上等で、光り輝く赤いドアの後ろには、青いドアよりも多くの賞金が置かれている。コンピュータがどちらかのドアを無作為に選び、参加者は後ろの賞金を手にすることができる。さて、コンピュータが選択を行う前に、参加者に二つのうち一つを覗く許可を与えると、彼らは赤いドア（たくさんの賞金）を覗いただろうか？それとも青いドア（わずかな賞金）を覗いただろうか？　その決断は一切結果に影響を及ぼさないのに、参加者は青いドアよりも赤いドアを開けることを繰り返し選んだ。最悪のシナリオよりも、最良のシナリオを知りたがったのだ。

これは、情報が平等ではないことを物語っているのだろうか？　もしかしたら私たちの脳は、情報が自分を嬉しくさせるか悲しくさせるかを予期したうえで、それに従って情報の価値を異なる形で認識しているのかもしれない。この疑問に答えるため、私とカロリーヌ・シャルパンティエは、イーサン・ブロムバーグ＝マーティンとチームを組んだ。今回はサルの神経活動ではなく、脳スキャナーで人間の脳活動を記録するためだ。

この実験の参加者になったつもりで読み進めてほしい。あなたを迎える実験スタッフは、フランス人のカロリーヌだ。カロリーヌの説明を受け、あなたは細長いチューブ型の脳スキャナーに入り、くじ引きゲームをする。ゲームは二つのパートに分かれている。半分は「勝ち」ゲームで、くじを引くたび一ドルが当たるか、もしくは何も当たらない。なんと素晴らしいゲームだろう！　残りの半分は「負け」ゲームで、くじを引くたび一ドル失うか、何も失わない。なんてつまらないゲームだろう。でも仕方がない。実験に参加するには必須の条件なのだ。そして毎回くじを始める前に、カロリーヌはその回の結果を知りたいかどうかあなたに質問する。どの回の結果を聞いて、どの回の結果を聞かなかったかにかかわらず、実験の最後にはトータルした金額がもらえる。たとえばこんなふうに考えてみよう。あなたはスロットマシンの前にすわっている。目を閉じてレバーを引くと、リールが回ってやがて止まる。そのときあなたは、結果を知りたくて目を開けるだろうか？

ケイトやブロムバーグ＝マーティンのサルのように、実験参加者も知ることを望んだ。しかし彼らは、負けるかもしれないゲームよりも、勝つ可能性のあるゲームの結果をより知りたがった。言い換えれば、人は絶対勝てないスロットマシンよりも、絶対負けないスロットマシンで目を開ける可能性が高い。さらに言うと、勝つ確率が高いほど、人は結果を知りたくなる。くじ引きの実験では、ゲームごとに確率を表示した。すると勝つ確率が高いほど参加者は結果を知りたがり、負ける確率が高いほど知りたがらなかった。良い知らせが入っている手紙は開封したいが、悪い知らせの入った手紙は投げ捨てたいのと同じことだ。

脳についてはどうだろう？　サルの脳内では、水に関する事前の情報に反応してニューロンが発火した。今回私たちは、金銭上の利益が得られるという情報を予期すると、人間の脳の同じ領域でニューロンが活性化することを示す証拠を得ることができた。ただし、損失に関する情報を予期すると活性化は弱まった。さらに、勝ち負けにかかわらず情報が得られることがわかると、参加者の脳内では別の領域——眼窩前頭皮質が活性化した。どうやら私たちの脳は、情報に対して二種類の反応を示すらしい。ある種のニューロンは情報そのものを評価し、別のニューロンは人を気持ち良くさせるような知識に価値を見出すようだ。

すべての情報が、セックスやプラムパイのように、ドアの向こう側に見つけたいようなものではない。私たちは自分を気持ち良くさせてくれそうな情報を知りたいがゆえに、悪い知らせよりも良い知らせを探し求める。ミュージカル調の機内安全ビデオに行き着いた航空会社のように、ポジティブな観点からメッセージを伝えれば、人はより聞く耳をもち、結果として影響を受けやすくなる。逆に悪い知らせが来そうなときは、たとえ無視することで自分を傷つけるとしても、そのメッセージを避けるものである。

知らぬが仏？

想像してほしい。あなたは五〇％の確率で、致死性の病気を受け継いでいる。その症状たるや悲惨なものだ。人格が激しく変化し、認知機能や身体能力が低下する。発作的に妙な動きを始め、話し方は支離滅裂になり、眠りは妨げられ、鬱や不安症状が現れる。伝染病ではないものの、治療法はなく、発症から二〇年以内に死に至る。この病の原因となる恐ろしい遺伝子をあなたが保有しているかどうか、いつでも確かめられる簡単な検査があるという。陽性であれば、発症率は一〇〇％だ。検査を受けるか、それとも何もないことを祈って生きていくか、あなたならどう決断するだろう。

一部の人たちにとって、これは仮定上の質問ではない——両親のどちらかが、ＩＴ１５遺伝子に異常をもつ人たちだ。この遺伝子異常は、ハンチントン病という遺伝性の神経変性疾患を引き起こす。通常、致命的な症状が現れ始めるのは中年期で、認知機能や運動機能が低下し、それによって行動、精神、身体に深刻な問題が生じる。現在では、血縁者にハンチントン病患者がいれば、未発症でも遺伝子検査を受けることができる。[6]

しかしこれは難しい決断だ。リスク保持者に検査を受けたいかどうか質問すると、四五～七〇％が「はい」と答えるが、その明確な意思を実行に移す人はあまりいない。実際に検査機関等で提案されても、検査を受ける選択をしたリスク保持者はたったの一〇～二〇％だったという調査もある。[7]

同じような行動が、ＨＩＶ感染のリスクをもつ人たちにも見てとれる。無料で受けられるときでさえ、多くの人たちがウイルス検査を回避したのだ。[8] さらに目を見張る研究もある。三九六人の女性に血液サンプルを提出してもらい、その後女性たちには、サンプル分析から乳癌にかかりやすい人が特定できたと伝える。[9] 彼女たちは検査結果を知りたがっただろうか？　知りたければただ「はい」と言えばいいだけで、指一本動かす必要はない。それでも、一六九人が知らされないことを選んだというのは衝撃的な事実だ。ハンチントン病発症のリスクを負う人と違って、乳癌になる確率が高い人は、発症率が低くなるよう予防措置を取ることができる。それなのに四二％の人たちが、もしかしたら命を救うことになるかもしれない情報を受け取らないことを選んだのだ。

意外な結果に思えるかもしれないが、こんな考え方もできる。知ることの利点は、不確実なことへの不安を減少できるかもしれない点にあるが、知識の代償は、自分が信じたいことを信じる選択肢を失うことである。検査結果を知らない限り、自分は健康だと信じていられるし、心の中をポジティブな考えで満たすことができる。検査を受けることで、そのポジティブ思考は危険にさらされる。というのも、一度結果を聞いてしまったら、もう忘れることはできないからだ。不運な遺伝子をもっていることを知らされれば、その事実は一生あなたの脳に刻み込まれたままだろう。望ましくない診断結果が出たら、あなたの人生は一瞬のうちに変わってしまう。だから、時には知らないでいた方が、私たちは幸せなのかもしれない。ただし、それがさらに悪い結果を招く可能性も否めない。

頭の中の巨大な計算機

知るべきか、知らずにいるべきかという決断を、暗算になぞらえることができる。あなたの頭の中に、巨大なディスプレイのついた高性能計算機があるとしよう。真実を突き止めるべきか、目を閉じているべきか、その決断に迫られると計算機が動き始め、それぞれの選択肢の価値を算出する。頭の中の計算機はまず、真実を知ることの具体的な利点をはじき出す——知ることが、未来を良くするような行動につながるだろうか？　ここで大きな数値が表示されると、正しい答えを知ろうとする可能性は高くなる。たとえば、昔の恋人をネットで検索するかどうか迷っているとしよう。あなたはその情報をどう利用するだろうか？　その人と連絡を取って友情を温め直すつもりなら、情報の価値は上がるだろう。しかし、知識があなたの行動に影響しなければ、ここではその価値はゼロになる。

次に頭の中の計算機は、不確実な状態があなたの感情に与える影響を算出する。多くの場合、不確実であることはあまり良い経験を与えないから、マイナスの価値がはじき出される。知らないことで得る苦しみが大きいほど、不確実さをクリアにして答えを知ろうとする気持ちが強まるだろう。ただし、知らないでいることがプラスの影響を与えることもある。知らないことによって、最良のシナリオを思い描くことができるからだ。ハーバード・ビジネス・スクールから最終決定を受ける前の数ヶ月間、ケイトはそこで出会う人々のことや、出席する講義のことなど、これから経験するであろう素晴らしい学校生活について想像して胸を躍らせ、ハーバードでＭＢＡを取得したあとの人生や、それによって開かれるすべての道を夢に描いた。頭の中で筋書きを作りながらケイトは幸せに満たされ、ついに不合格を知らされるその日までは、いつでも好きなときに夢の世界へ立ち戻ることができた。

最後の計算は、情報そのものの感情面での価値に基づいて行われる。以前は知らなかったことを知れば、一つ物知りになるだけでなく、気持ちにも変化が起こる。自分自身のことを教えてくれる情報は特にそうだ。ハーバードに合格できたと知ったケイトは嬉しくなったが、盗み見をしたから不合格だと言われて辛い気持ちになった。死をもたらす変異遺伝子をもっていると聞いたら打ちのめされるし、自分の仕事ぶりを称賛した上司の報告書を読んだら誇らしくなる。自宅の価値が下がっていると聞けば、不安でいても立ってもいられなくなる。こんなふうに、情報は人の気持ちに変化を与える。

だから、他の条件がすべて同じなら、私たちはポジティブな感情をもたらす情報を探し求める。良い知らせを見つけ、悪い知らせを避けるためには、どんな労力も惜しまない。

この傾向を最も顕著に示す例がある。スウェーデンの経営情報管理専門家ニクラス・カールソン、カーネギーメロン大学の著名な行動経済学者ジョージ・ローウェンスタイン、同じくカーネギーメロン大学の金融経済学教授デュアン・セッピが、ある実験を行った。[10] 彼らは、取引をする意思がないのに人が株価をチェックするのはどんなときなのか、という疑問を抱いた。あなたも考えてみてほしい。自分の株の価値をチェックしたい気持ちにさせるものは何だろう？　売買するつもりがないとして、証券口座にログインする可能性が最も高いのはどんなときなのか？

まずは、図8のグラフのデータを検証していこう（次頁）。黒の折れ線は、二〇〇六年一月から二〇〇八年四月までのおよそ二年間の「S&P500」の値動きを表している。S&P500は、NASDAQやNYSEに上場している代表的な五〇〇銘柄の株価をもとに算出される株価指数の一つだ。黒線は波のように、勢いを増してはゆっくりと上昇し、急速に下降するサイクルを繰り返す。そして灰色の折れ線は、持ち株の株価を見るため（売買はせずあくまでチェックのみ）、株主が口座にロ

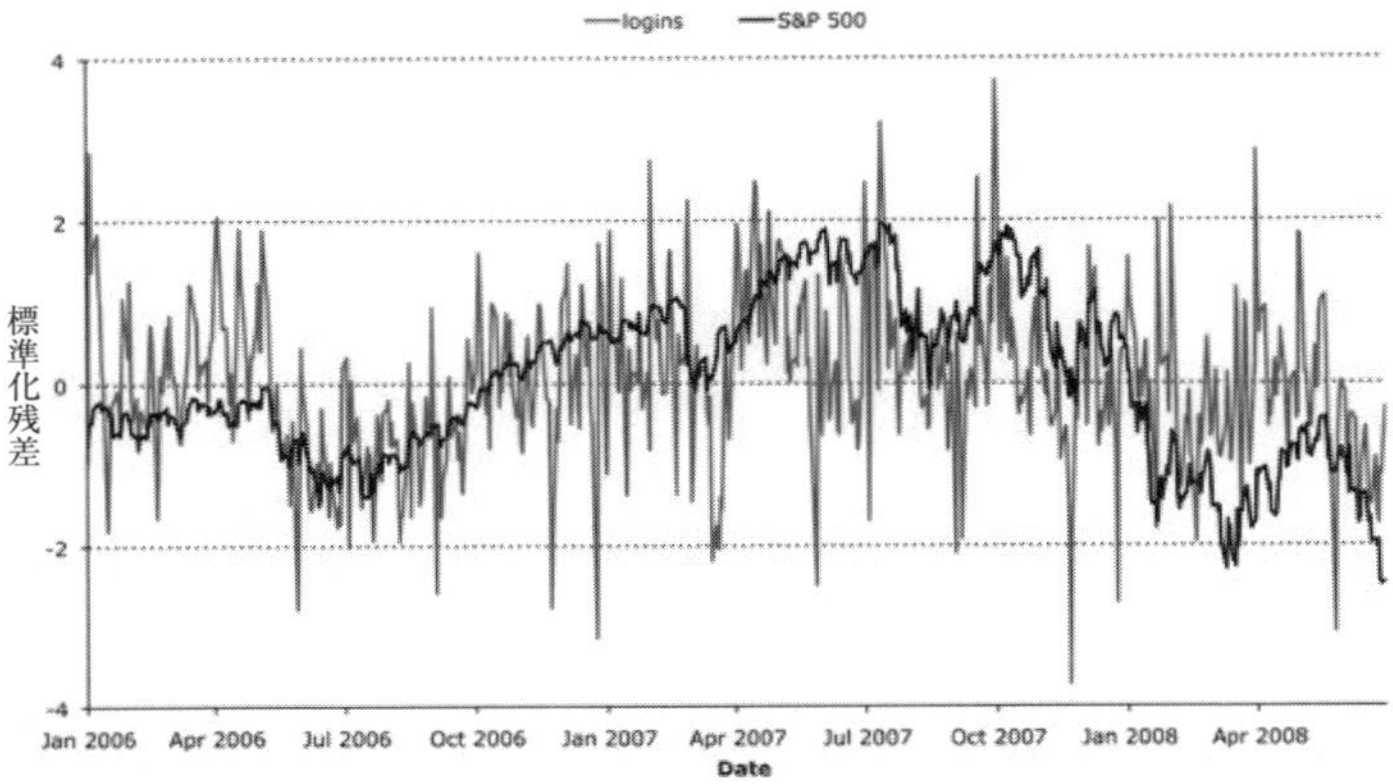

図 8　自己の価値を知りたいという人間の願望は、株式投資とも結びついている。黒の折れ線はS&P500の値動きを表し、灰色の折れ線は、株価を調べるために株主が自分の口座にログインした回数を表す。市場が下降したときよりも上昇したときの方が、持ち株の価値をチェックする回数が多くなる[11]。

グインした回数を表している（注・株価になじみのある方ならお気づきだと思うが、このグラフで使われているのは生の数値データではなく、取引の意思や市場売買高など明らかな交絡因子に応じて調整された数値である）。一目瞭然なのは、二本の折れ線がまるで手をつないで丘を歩く恋人同士のように同時に上下している点だ。市場が上昇すると人々はひっきりなしにログインし、下降すると株価チェックを避ける。なぜだろう？

他の様々な要因や考えられる理由を統計的に処理した結果、研究チームはある結論に達した。持ち株の価値に関する情報を収集する行動は、満足感を得たいという願望に支配されている。市場が上向きになると、人々は自分の持ち株もそれに倣うと考え、良い知らせを存分に味わうためにアクセスする。市場が下降すると、人々は現実から目を背ける選択をする。財産を失う可能性があることや、それを確認すれば気が滅入ることがわかっているからだ。知らないままでいれば、自分の有価証券は嵐を切り抜けられるだろうという希望をもち続けられる。つまり、他のすべての条件が同じなら、人は気分を害するネガティブな知らせを無視し、気分を良くするポジティブな知らせを求める傾向にあるのだ。

とはいえこれが正しいのは、悪い知らせが合理的に無視できるうちである。ついに市場が崩壊した二〇〇八年秋に何が起こったか、このグラフには示されていない。金融危機のあいだ、人々は必死になって情報にアクセスした。事態が明らかに誤った方向へ進み、ほんのわずかな希望をもつことも事実上不可能になったとき、私たちはようやく被害を見極め、一刻も早く立て直そうとするのである。

この原理が当てはまるのは金融市場に関することだけではない。ハンチントン病のリスクをもつ人のほとんどが遺伝子検査を避ける一方で、検査を受けようとする人の多くはすでに症状を経験している。突き詰めると、彼らはほぼ確実だとわかっていることを確認しているだけなのだ。病気に治療法がなくても、残された時間をどう生きるか考える際に、その知識は役立つかもしれない。自分の寿命が短いと知っている人は、人生を「早送り」することができる。早めに結婚したり、子供を産んだり、退職したりする選択肢がもてるのだ[12]。言い換えると、悲劇的な知らせがほぼ確実にならない限り、人は不快な情報を避け続ける。そして気づいた頃には、誤った決断をしてきたことの代償が、悲惨な現実を知らずにいる利点を上回っているのである。

知らずにいることの代償

人間は不都合な真実から身を守るために現実から目をそらすことがあるが、それは果たして効果的なのだろうか？　知らずにいることで、私たちの精神状態は実際に良くなっているのだろうか？　もしかしたら事実に直面した方がずっと良いのでは？

一九七二年、カリフォルニア大学バークレー校の研究室で、心理学者ジェームズ・アベリルとミリアム・ローゼンが、この問題を追求しようと試みた(13)。二人は大学の住所録から男子学生を無作為に選び、電話をかけた。「実験の協力者を探しているのですが、参加していただけませんか？　実験では電気ショックを受けることになり、時給二ドル（現在の価値に換算すると約一一ドル）をお支払いします」。アベリルとローゼンは、八〇名の学生の同意を得た。

実験が行われる日、バークレー校の研究室に集まった男子学生たちは、木製の椅子に腰かけるよう指示された。研究員が一人ひとりの右足首に、皮膚の電気抵抗を下げるためのクリームを次々に塗っていく。その後、足首にアルミニウム電極が取りつけられた。電極からは時折一秒間に及ぶ電気ショックが発生するようになっている。

学生たちはヘッドホンを与えられ、二つのチャンネルのうち一つを聴くことができた。チャンネルは自由に切り替えることができる。一つ目は音楽チャンネルで、ステレオ型のテープレコーダーを通じて環境音楽《ミューザク》が聞こえてくる（これが一九七二年の実験だということをお忘れなく）。もう一つは情報チャンネルで、電気ショックが流れる数秒前に明確な警報が聞こえるほかは、無音である。警報がなったらすぐにボタンを押せば、参加者は電気ショックを完全に回避することができる。

さて、学生たちは音楽チャンネルと情報チャンネルのどちらを選択しただろう？　電気ショックを避けるため全員が情報チャンネルを選んだ、とあなたは思うかもしれない。確かに、人が情報を求めたくなる重要な要素は「有用性」だ。提供された情報が自分を有利にするのに使えると思ったら、もっと知りたくなるものだ。だからこそ、どんなメッセージでも、その有用性を強調するのは重要なのである。

しかしアベリルとローゼンの実験では、情報チャンネルを選んだのは全員ではなかった。警報を聞けば電気ショックを避けることができるのに、およそ四人に一人（二五％）が、情報チャンネルを無視したのだ。そしてこの人たちは、電気ショックを肌に直接受けることになるにもかかわらず、音楽で気を紛らわせることを選んだ。

ひょっとするとこれは賢い選択なのだろうか？　彼らは音楽によるリラックス効果を得たのだろうか？　それを調べるため、アベリルとローゼンは学生の生理学的信号――心拍数、皮膚伝導、呼吸数を観察した。不安が高まるほど、心臓の鼓動が速くなり、手のひらが汗ばみ、息遣いが荒くなる。観察の結果、音楽チャンネルを選択した学生はそうでない学生よりも、不安の兆候をより多く示していることがわかった。警報に注意を払うことを選んだ学生は、災難を防ぐことができると知っているのでよりリラックスし、そのため落ち着いた気分でいられたのだ。それに対して、音楽のもやに心をうずめようとした参加者は、迫り来る痛みがもたらす不安から逃げることができなかった。結論としては、ショックがいつ来るかわかっていて、それをコントロールできるならば、知らんぷりを決め込むよりはましだということだ。

では電気ショックが不可避の場合はどうだろう？　情報が役に立たないときでも、情報チャンネルを選ぶことは参加者の利益になるのだろうか？　アベリルとローゼンは再び実験を開始したが、今回は電気ショックを免れるためのボタンを与えなかった。この条件下では音楽チャンネルを選ぶ学生の方が多かったが、それでも四五％が情報チャンネルを選んだ。より不安を示したのはどちらだろう？ここでもまた、音楽のもやに身を隠すことに決めた人たちが、不安を表す生理学的信号をより多く示した。一方、情報チャンネルを選んだ学生たちの心拍数はより低く、発汗も少なめで、比較的落ち着いた様子だった。電気ショックを免れることはできなかったものの、正確にいつそれが訪れるかわかっていたので、その合間の時間にはリラックスできたのだろう。それにひきかえ、音楽チャンネルを選択した人は、常に警戒態勢を保っていた。椅子の端に腰かけ、いつ来るかもわからない電気ショックの痛みに備えていたのだ。

この実験で明らかになったのは、知らないでいた方が幸せだと思っていても、目をそらせば結局あなたはもっと不安になるということだ。私は、誰もが揃って悪い知らせを探し求めるべきだと提案しているのではない――それはまったくの誤解である。「知らぬが仏」が最善な場合もあるからだ。ソーシャルメディアで昔の恋人を追跡し、別れたあとの生活を知ろうとするのは賢明ではないだろうし、自分が保有している変異遺伝子を一つ残らず把握する必要もないだろう。ただ、もしもドアの向こうに嬉しくない知らせが隠れているような気がしたら、それを開けて真実を明らかにした方がいいこともある。なぜなら、人間は自分で思うよりもずっと柔軟性があるからだ。ドアを開けることによって、私たちは受け入れ、傷を癒し、立ち直るというプロセスを開始することができる。ドアがいつまでも閉まっていたら、不安定な状態のままどこにも行けず、行き詰まってしまうだろう。

エゴサーチが怖い

人間は好奇心の強い生き物だ。そしてとりわけ好奇心の的となるのは、自分自身である。自分や自分のした仕事を他人がどう思っているか、私たちは知りたくてたまらない。だからといってすべてを知りたいわけではなく、否定的な意見から距離を置き、肯定的な意見だけを聞く決意をすることもある。作家や俳優や有名人が、自分の名前をネットで検索したり、自分の本や舞台や映画の批評を読んだりしないと言うのを聞いたことがあるだろう。彼らは自分の作品が褒められているのを知りたくないのだろうか？　まさかそうではあるまい。

ペイジュ・ウィーバーの例を見てみよう。自費出版で数々のベストセラーを世に送り出している彼女は、こう述べている。「私のポリシーは、書評を読まないこと……自分の新作（*Promise Me Darkness*）の発売後、私はすべての書評を読みました。好意的な書評ばかりだったけど、必ず否定的なものが出てくることもわかっていた……それがとても怖くて[14]」

小説家クリスティン・カショアも同じ意見だ。「私はグーグルで自分や自分の本を検索しないし、グーグルアラートも受け取らない……関知しないようにしているの。書くためにも、自分を保つためにも、幸福でいるためにも、避けた方がいいってことを学んだから。それに、そうでなくてもたくさんの意見をいただくんです──友人や出版社の方々が目を光らせてくれていて、世間の声を伝えてくれる。だから、自分で確かめなくても外で何が起こっているか、おおよその見当はつくわ。私が読むことにしているのは（必ずではないけれど）、担当編集者や宣伝部が送ってきた記事だけ。それはたいていメジャーな書評誌に掲載されていたもので、見過ごすことができない類のものばかり[15]」

二人の作家が情報を選り好みしているのは、世間一般の人々と同じだ。だからといって批判に一切耳を貸さないわけではない。その方法はもう少し繊細で、意見を求めるかどうかの決め手となるのは、その知識を自分の有利に活用できるかどうか、そしてその評価に対して自分がどんな気持ちを抱くと思うか、の二点である。それでもやはり、人間は選り好みをしてしまう。元共和党副大統領ディック・チェイニーも例外ではない。ホテルのスイートルームに入室する前、彼はすべてのテレビをＦＯＸニュースに合わせておくよう依頼するのだという。ＦＯＸニュースは、共和党を支持する報道が多いことで知られるメディアである[16]。

＊　＊　＊

病気のリスクがあるのに検査を受けないことを選んだ人々と、電気ショックを避けるための警報よりも音楽を聴くことにした学生たちは、同じ原則を証明している。他のすべての条件が同じならば、人は希望をもたらす情報を求め、失意を招く情報を回避する傾向をもつということだ。情報は信念に影響を及ぼし、信念は幸福に影響する。だから、あなたが提供しようとしている情報が暗い見通しと結びついていたら、多くの人が聞いてくれないことを覚悟しなければならない。最高の機内安全ビデオを考案するのに数年を費やしたり、乳癌を発症しやすい遺伝子変異を識別する検査の開発に数十年をかけたり、同僚の報告書を数週間かけて検討するのは結構だ。しかし、どんなに完璧な仕事をしても、どんなに明確な主張をしても、誰も聞いてくれなければ意味がない。ならばどうすればいいのだろう？

話を聞いてもらうというのは、相手の頭の中にある架空の大型計算機を動かすことである。計算機は情報の価値を算出し、それが大きな数字だったら、その人を聞く気にさせる。その情報が相手の知識のギャップを満たせそうなら、そのギャップを強調すればいい。また、相手の世界をより良くするのに役立ちそうなら、その方法をわかりやすく示せばいい。そして最終的には、あなたの発した情報が恐怖ではなく希望を導き出すよう、メッセージを再構成することだ。誤解のないように言うと、これはオブラートに包んだ物言いをするということではない。たとえば、誰かの仕事を批評する必要があるとしたら、ぼかさず問題をはっきり伝えた方がいい。伝え方には、ナンバーワンの報告書を目指すにはどこを直すべきかという観点で話す方法と、相手の能力のなさについて話す方法があるが、前者のアプローチを取ればもっと関心を引きつけられるはずだ。そうすれば、乳癌の遺伝子検査は死に関するものではなく、長く健康な生活を送るための術になるだろう。そして機内安全ビデオは、太陽が燦々と降り注ぐ目的地への到着を期待させてくれるだろう。

ただし一つ重要なことがある。私たちは、目の前にいる人の心の状態を考慮しなくてはならない。なぜなら次章で学ぶように、ストレスと脅威にさらされている場合、脳が情報を処理するやり方は劇的に変わってくるからだ。

6　ストレスは判断にどんな影響を与えるか？（心の状態）

一〇代の私は、「タイムマシーンにお願い（*Quantum Leap*）」というテレビ番組が大好きだった。私と弟が学校から帰ると、物理学者のサム・ベケットが時空を旅しながら歴史を修正していくこのドラマにちょうど間に合った。一九九〇年代、アメリカ某所の砂漠に建てられた秘密研究所で量子実験をしていたサムは、別の時空で生活する人間の体内に移動《リープ》できるようになる。

誰かに影響を与えたいとき、ストレスはどのように作用するのか――それを理解する助けに、あなたを時空の旅にご招待したいと思う。最初に目指すのは二〇〇一年九月一四日のニューヨーク市、あなたがリープするのは私の身体だ。

私はマンハッタンのダウンタウンエリアをブロードウェイに沿って歩いていた。当時の住まいからそう遠くないその場所で、突如、中年の男が通りを疾走し始めた。どうやらパニック状態らしい。数秒のうちに周囲の人たちが男に続いて走り出し、数分後には大勢が男の後ろを全力疾走し始めた。何が起こっているのかまったくわからない。ただ、ほんの三日前――二〇一一年九月一一日――に起こった惨事が、多くの犠牲者を出していたのは確かだった。「後悔より用心」、そう判断した私は群衆に加わった。私たちは大きな集団になり、近くを歩く人々を巻き込みながら、歩道を走っていった。やがて、何も逃げるべきものはないと気づいた数名が足を止め、すぐに全員がそれに倣った。それでおしまい。私たちはまた自分の日常へと戻った。

考えてみれば、異常な話ではないか。たった一人の人間のせいで五〇人ほどのニューヨーカーがそれまでしていたことを止め、昼の日なかに理由もなく走り出したのだ。男性は一言も発することなく、ただパニック状態で通りを走っていただけだ。その頭の中で何が起こっていたのか、私にはわからない。しかし、彼が私たち全員に影響を与えることができたのは、すでに私たちの頭の中で起こっていた何かのおかげだ。もしもこれが、ワールドトレードセンターが攻撃される前日の九月一〇日の出来事だったら、全力疾走の男は大して注目もされずに走り去っただけだろう。頭のおかしな人だと思って、たいていの人が気にしなかったはずだ。しかしテロ攻撃直後の私たちは緊張状態にあった。次は何が起こるのか？　さらなる攻撃が待ち受けている？　だとしたらそれはどこから？　私たちの心は「待機状態」だった――誰が来ても何があっても反応できる準備をしていたのだ。

さて、次なるリープの合図だ。時は一九八三年三月二一日の朝、場所はパレスチナ自治区ウェストバンクのアラバ村。あなたは一七歳のパレスチナ人少女の体内にリープする。教室で席についていた少女が突然、刺激性の咳と呼吸困難に襲われた。この時点では知る由もなかったが、少女は国際的なスキャンダルを引き起こすところだった。

少女が最初の兆候を見せてからまもなく、七人のクラスメートが同じ状態に陥った。続いて他のクラスの生徒も似たような症状を訴え始める。一週間後、「病気」は近隣の村へ広がり、合計九四三人にのぼるパレスチナ人少女たちと、数人のイスラエル兵に感染した。[1]この恐ろしい伝染病の原因は何だったのだろう？　パレスチナ側は、イスラエル政府が化学兵器を使用したと非難し、一方のイスラエル側は、パレスチナ人が集団デモを扇動するために毒物を用いたと訴えた。しかしながら、念入りな調査を行ってもそのような陰謀は明らかになっていない。この症状は心因性のものと診断された。こうしたケースは「集団ヒステリー」と呼ばれることがある。個人の症状（もしくは言動）が他の人々にパニックを引き起こし、無意識のうちにその症状が引き継がれ、連鎖反応が進んでいく。

一人の少女が意図することなく、一〇〇〇人近くの健康を左右し、世界にまで影響を及ぼした。それほどまでの影響力を行使できたのは、彼女が暮らしていた特殊な環境のせいだ――その環境こそが、人々に特定の心理状態をもたらしたのである。

同時多発テロ後のマンハッタンで明確な理由もなく逃げようとした人々と、想像が作り上げた病気を経験したウェストバンクの生徒たちに共通していたのは、彼らが脅威にさらされていた点だ。ウェストバンクに住む子供たちの現実は、ミサイルや外出禁止令や武装兵士の存在する日常で成り立っていた。また九・一一後のニューヨークでは、通りのあちこちで見かける軍や警察の関係者が、非常事態の雰囲気を作り出していた。報告されている集団ヒステリーの歴史を振り返れば、そうした環境は典型的なものであるのがわかるだろう。ほぼすべての集団ヒステリーは、貧困にあえぐアフリカの村から、アメリカの大病院の緊急治療室まで、ストレスの多い困難な状況下で展開しているのだ。

なぜ人間は、ある特定の環境では想像上の病気に感染したり、他人に続いて通りを駆け抜けたりするのに、違う環境ではそうならないのだろう？　なぜ怯えているときには特定の個人（他人や政治家）が重大な影響をもたらすのに、リラックスしているときにはそうではないのだろう？　この疑問に答えるには、脅威にさらされると人間の身体と心に何が起きるのかを、まず理解する必要がある。

プレッシャーが招く悲観主義

脅威にさらされると、あらかじめプログラムされている心理的反応が引き起こされる――ストレスだ。進化が私たちにこの反応を身につけさせたのは、それが生存に役立つからである。たとえばあなたが野生のアンテロープで、一頭のライオンがこちらに向かって突進してくるとしよう。たちまちコルチゾールのようなストレスホルモンが分泌されて、心拍数の増加や息切れなどの連鎖反応が生じる。無駄なことに使う余力はないから、緊急性のない機能はいったん休止だ。免疫系や消化器系、生殖器系が一時的に抑制される。傷の治癒や一時間前に飲み込んだものの消化にかまけている暇はない。もっているすべての力を、「その瞬間を生き延びる」という一つの目的に集中させるのだ。

人間は、アンテロープが経験するような差し迫った危険に身をさらすことはめったにないが、それでも頻繁にストレスを感じる。返済中のローンでも、仕事の締め切りでも、競技場での手強いライバルでも、身体はそれらに反応してコルチゾールを分泌する。ラッシュ時の交通渋滞や、なかなか進まないスタバの列といった比較的穏やかな状況さえ、本格的なストレス反応を引き起こしかねない。そんなときあなたは、アンテロープが経験したのと同じような身体的反応を示すだろう。脈拍数や呼吸数が増加し、急を要さない系統の機能は低下する。ストレスが慢性的になると、私たちの身体に悪影響を及ぼすことがある。[2] 免疫系が弱まって病気にかかりやすくなったり、消化が鈍くなってその結果腹部に脂肪がたまりやすくなったりする。また生殖器系が停止すると、長期的な結果として女性が妊娠しづらくなることもある。

ストレスは心機能、消化器系、免疫系、そして生殖器系に大きな影響を与えるが、脳にも同様に変化をもたらす。ストレスが忍び寄ってくるのを感じるたび、あなたの脳は劇的に変化する。考え方、決断の仕方、ふるまい方が一瞬のうちに変わってしまうほか、周囲からの影響の受け方まで変わってくるのだ。

だが正確には、ストレスは情報による影響の受け方をどのように変えるのか？　私は教え子のニール・ギャレット、アナ・マリア・ゴンザレス゠ガルソンとともに、疑問を解くための実験を考案した。私たちの計画は単純だ。人々を何らかのストレスにさらして、生理的反応を記録し、どのように考えが変わるのかを観察する。だが最初に立ちはだかったのは、どうやって参加者に脅威を与えるのがべストかという難題だった。空腹のライオンを放つのは問題外なので、参加者が日常的に遭遇しそうなストレスの多い状況を作り出すことにした。

実験の参加者になったつもりで読んでほしい。あなたはちょっとした小遣い稼ぎのために、実験協力者として私たちの研究室を訪れた。同意書にサインしたあと、唾液を提供するよう、研究室のニールに求められる。変な要請だと思ったあなたは、「このプラスチック容器の中に唾を吐かなきゃいけないのはなぜですか?」と質問するかもしれない。ニールは「唾液から、実験前のあなたの体内にストレスホルモンのコルチゾールがどれくらいあるか、測定することができるんですよ」と答えるだろう。これを「ベースライン測定」と呼ぶ。次にあなたは、簡単なアンケートに記入する。これで現在の不安レベルが評価される。そして、もう一つの生理的なストレス測定法として、あなたのベースライン時の皮膚電気伝導水準(SCL)が記録される。この時点で、あなたはまだリラックスしているだろう。

その後ニールから実験手順の説明がある。「まず、パソコンを使って簡単な調査を行います。三〇分くらいですむと思います」。何の問題もない、とあなたは感じるだろう。だが説明はまだ続く。「それが終わったら、テーマの書かれた紙が渡されます。そのテーマに沿って、三〇人くらいのグループの前で五分間スピーチをしてください。準備する時間はありません。スピーチの様子は撮影されて、他の人も見ることができるようになります」

一連の説明を受けた時点でストレスが生じたかどうか確認するため、ニールは再び、唾液分析のため小さな容器に唾を吐き出すようあなたに依頼する。ＳＣＬの記録と、不安レベルを測るアンケートの記入も行われた。実験に参加した大多数の人たちと同じなら、これらの測定値はベースライン時より上昇しているはずだ。つまり私たちは、あなたにストレスを課すのに成功したことになる。

私たちはもう一つのグループ――「対照群《コントロールグループ》」を用意していた。こちらの参加者には、課題が終わったあと提示したテーマに沿って短いエッセイを書いてもらうことにして、その際、エッセイは評価を受けるわけでも他人に読まれるわけでもないので、何も気にする必要はないと伝えた。すると予想どおり、このグループの人々は説明を聞いてもストレスの兆候を示さなかった。

参加者の半分が不安を抱き、半分が落ち着いている状態で調査が始まる。私たちは、強盗、交通事故、骨折など将来起こり得る不快な出来事の数々を提示して、それが何％くらいの確率で自分の身に降りかかると思うか、参加者に答えてもらった（例――あなたはどのくらいの確率で強盗に遭うと思いますか？）。その後、自分の住む地域でそれらの出来事が起こる確率について情報提供した（ロンドンで強盗に遭う確率は三〇％です）。最後にもう一度、自分が何％くらいの確率でそれらの出来事を経験すると思うか質問した（あなたはどのくらいの確率で強盗に遭うと思いますか？）。このデータから、情報が参加者の信念に与えた影響を算出することができる。そこでわかったのは、ストレス下ではリラックスしているときよりずっと、ネガティブな情報（実際に強盗に遭う確率は、自分が思っていたよりも高かった）を取り入れる傾向が強いということだった(3)。つまりストレスが強いほど、予期せぬ悪い知らせを聞いて自分の見解を変える傾向が強まったのだ（良い知らせが人の信念を変える傾向は、ストレス下でも変わらなかった）。

脅威にさらされると、私たちは無意識に危険の合図を察知するようになる。同時多発テロから三日後のマンハッタンを走る男を見た私にも、戦々恐々としたアラバの生徒たちにも、同じことが起こった。人前でスピーチをさせられる直前に不安な情報を得た実験参加者たちも同様だ。

しかも、このような反応を示したのは研究室を訪れた人々だけではなかった。ロンドンを出発した研究チームは、コロラド州の消防署へ飛んだ。消防士の毎日はバラエティに富んでいる。一日のほとんどを署で過ごすのんびりした日もあれば、命を脅かす現場に何度も出動しなければならない多忙な日もある。緊張と緩和の繰り返しは、実験にとって好都合な環境を与えてくれた。私たちの推測はこうだ。緊急呼び出しの少ない日、消防士は落ち着いていて、その結果「良い知らせ」に同調する。一方、脅威に多くさらされている日は不安になり、「悪い知らせ」に影響されやすくなる。

正確には次のようなことが起こった。勤務中に感じたストレスが多いほど、彼らは予期せぬ悪い知らせに影響を受けた。私たちが与えた情報（クレジットカード詐欺や強盗に遭う可能性）は、消防士の仕事にまったく無関係だったが、ストレス下にあるときはどんな種類の不安な知らせも大きな影響を与えた。

このメカニズムには、間違いなく利点があるはずだ。あなたがアンテロープで、まわりにお腹を空かせたライオンがたくさんいたとしたら、捕食者が近くにいることを示す兆候を見逃したくはないだろう。治安の悪い地域に住んでいる場合も同様で、危険な空気を敏感に感じ取ることで、命が助かることもある。問題は、こうした本能が過剰反応の原因にもなり得る点だ。たとえば、カリフォルニア州で地震があると、アイオワ州に住んでいるにもかかわらず高額な地震保険に加入する人がいる。別の例として、二〇一五年一一月一三日に起きたパリ同時多発テロ事件について考えてみよう。光の都パリの一般市民が襲撃されたニュースは、瞬く間に世界中を駆け巡った。あらゆる地域の住人が身の危険を案じ、結果として世界的なパニックが起きた。[4] これによって人々は、ネガティブなマスコミ報道を過度に警戒するようになり、続いて生命の危険を必要以上に懸念するようになった。そしてしばらくは「安全策」を取って、外出するよりも家に閉じこもり、大都市へ行くのを避けた。

金融市場も同じように市況の悪化に過剰反応する。市場が下落しそうな最初の兆しを見せると、人々はパニックに陥る。すると、ある情報が下落の可能性をわずかにほのめかしただけで、以前よりも重く受け止められるようになる。人々が市場から手を引くと状況は悪化し、投資家のストレスが増す。それがさらなるパニックを生み、パニックによってネガティブな情報に目が向けられる……これが延々と繰り返されるのだ。ストレスを受けると、私たちは危険感知に固執するようになり、うまくいかない可能性に目を向ける。それによって極度に悲観的な見解が生まれ、結果として過度に保守的になってしまう。

弱小チームはなぜ安全策をとるのか？

ストレスへの反応をつぶさに観察することのできる特別な環境の一つが、競技場である。競技スポーツは、脅威にさらされた人間の行動を観察するまたとない機会を与えてくれる。対戦相手に怖気づいた選手は、どのような反応を示すだろう？

次なるリープの合図だ。

時は二〇〇七年、場所はカリフォルニア州バークレー。カリフォルニア大学ゴールデンベアーズ（アメリカン・フットボール部）の元監督ジェフ・テッドフォードの体内にリープする。ベアーズは連勝の波に乗っていた。カレッジフットボールシーズンが開幕した最初の月に五連勝し、ここバークレーでオレゴン州立大学と対戦する一〇月一三日のホームカミングゲームまでには、開幕当初一二位だったランキングが全米二位まで上昇していた。一九五一年以来最高のランクを獲得したチームに、スタジアムにいる六万四〇〇〇人のファンが声援を送る。選手たちは歓喜に満ちている。今日のゲームに勝てば首位を奪取することができる。半世紀ものあいだ成し遂げられなかった偉業だ。

しかし、運は尽きようとしていた。オレゴンダックスと対戦する二週間前に、ゴールデンベアーズのクォーターバック、ネイト・ロングショアが足首を負傷した。テッドフォード監督がロングショアを起用しない決断をしたのは、キックオフの数分前だった。代わりに出場したのが、経験の浅い控えのクォーターバック、ケビン・ライリーだ。この決断を皮切りに、ベアーズの緩やかだが着実な衰退が始まる。

接戦の末、試合は土壇場を迎えた。残り時間一四秒のサードダウン。ボールを持つケビン・ライリーは厳しい選択を迫られる。スパイク〔ボールを地面に投げつけて時間を止める〕を実行してフィールドゴールを決め延長戦へ持ち込むか、もしくはボールを保持したままエンドゾーンへ突進するか、咄嗟の判断が必要となった。「時計を見てあと一四秒残っていることはわかっていました……グリーンのフィールドが見えて、敵をうまく避けられると確信したんです。フットボール選手としての本能で動いていただけで、ゲームを止めたくはなかった[5]」

ライリーはエンドゾーンに到達できず、最終的にベアーズは重要な試合を落としてしまう。テッドフォード監督は持っていたクリップボードを地面に叩きつけた。

このときからベアーズのシーズン成績は急転換する。「あの夜から何かが変わった……まるで何かがポキッと折れてしまったように」と述べる評論家もいた[6]。テッドフォード監督と選手たちの肩にはたちまちプレッシャーがのしかかる。ベアーズは続く六試合のうち五試合に敗戦し、一敗するごとにストレスは高まった。坂道を転げ落ちるように、ランキングは二位から九位、そして二〇位へ下がり、シーズンの終わりにはランク外まで転落した。ベアーズサポーターが推測するとおり、テッドフォードは「若く経験の浅い選手に二度と重い責任を負わせない」ようになり、「あの日以来、過度に保守的でいる必要を感じていた」のかもしれない[7]。

テッドフォード監督は、無難で型にはまった作戦を取り続け、「格上の相手にベアーズは絶対勝てなくなった」[8]。別のサポーターは次のように解説する。「テッドフォードが、二タッチダウン以上の差で負ける采配を見せることはほとんどなくなった。でもそれによって、USC（南カリフォルニア大学）に勝つのが困難になったのも事実だろう。なぜなら、たくさんのミスを覚悟で攻撃を仕掛けることをしなくなってしまったからだ……ベアーズは、USCに僅差で負けることを誇りに思うようになってしまった」[9]

ベアーズが負け始めると、怖気づくようになったのか、テッドフォードは安全策を取るようになった。しかし彼は例外ではない。アメリカン・フットボールとゲーム理論のサイト「アドバンスドNFLスタッツ」の創設者ブライアン・バークは、二〇〇二年から二〇〇六年にかけてアメフトの試合を一〇〇〇例以上も分析してきた。そこでわかったのは、当時のベアーズのように勝ち目のないチームは、プレイにあまり変化をもたせないということだ。チームは負け始めると、リスクを最小限にしようとする。バークの仮説によると、監督やコーチは「できるだけ長く試合を引っ張ろうとする。負けチームの監督は、いつか奇跡が起こることを願いながら、全試合を通じてリスクを最小限に抑えるものだ。それはまるで大敗する見込みを低くしようとしているようにも見える」[10]。『スマート・フットボールの技法（*The Art of Smart Football*）』の著者クリス・ブラウンも同じ意見だ。「シーズンになると毎週のように、南カリフォルニア大学、ルイジアナ州立大学、オハイオ州立大学（アメフトの強豪校）と対戦するチームが勝利を完全に諦めて、接戦に持ち込み、第四クォーターで勝負をつけようとするのを目撃する」[11]

ブラウンとバークの両氏は、勝ち目のないチームが無難な試合をするのは、間違ったアプローチであることが多いと考えている。確かに、保守的な戦略を選べば惨敗する可能性は低いかもしれないが、勝つ見込みも少なくなる。ありきたりの作戦を使い、ありきたりの得点に終わる、ありきたりの試合になるだろう。つまり、負けそうな試合で無難なプレイをすれば、たいていは負けてしまう。ところがリスクのある試合では、結果が様々に変わる。考えられるシナリオの幅が広がり、より多くの可能性をもつことになり、そのなかにはリスクがもたらすチャンスも含まれるのだ。

ブラウンの言葉を借りれば、弱いチームは「実力で勝つ見込みはほとんどない。だから彼らに必要なのは……相手に衝撃を与えてチャンスを広げることだ。いちかばちかコインを投げてみて、望んだ面が出てくることを願うのみ。うまくいかないかもしれないし、こてんぱんにやられてしまうかもしれない。しかしやってみなければ、勝つ見込みは確実に低いままだ」

それなのにカリフォルニア大学ゴールデンベアーズのようなチームは、正反対のアプローチを繰り返す。勝算の高いときには危険を冒して大胆な試合運びをし、負けそうなときは安全策を取って、予想外の事態が起きることを極力避けるようになるのだ。

ブラウンとバークは、弱いチームがなぜ危険を冒すべきときにそうしないのか、その理由を見出そうとした。リスクのある試合よりも、安全な「惜しい試合」の方がチームの士気を損ねないからだろうか？　ボロ負けするのを避けて監督の面目を保ちたいからだろうか？

そうかもしれない。でも私は別な理由もあるのではないかと考える。危険を冒すためには、それが効果を生む可能性を思い描く必要があり、選択肢の一つに「勝利」があることを信じなくてはならない。次の行動を決めるとき、あなたは目の前にある情報やデータを検討し、それぞれの筋書きがうまくいく可能性を考慮する。ところが先に触れたように、いったん脅威を感じると人は否定的な面に着目するようになり、起こり得る問題ばかり考える傾向がある。その結果、リスクを冒すことの方が実際は優れたアプローチである場合でさえ、無難な行動を取る決断を下してしまう。テッドフォード監督も人間である以上、失敗へのストレスに反応してしまったのかもしれない。

生命に関わる状況下では、危険を回避することがまさに最善策にもなり得る。しかしより良い決断が下されるべき場面でも、人は本能的に安全な道を選んでしまう。とはいえ、ストレス下で起こるこの衝動を乗り越える方法もある。それはどんな方法なのだろう? リープの合図だ——次はマイケル・チャンの体内にリープする。

リスクの冒し方

一九八九年六月五日、パリにあるスタッド・ローラン・ギャロスのテニスコートで、一七歳のアジア系アメリカ人選手がサーブを打とうとしていた。彼の名はマイケル・チャン。この年の全仏オープンに第一五シードで出場していた。コートの反対側に立つのは、チェコスロバキアのイワン・レンドル。チャンより一回り年上のレンドルは、試合経験も比較にならないほど豊富である。身長一七五センチで細身のチャンに比べて、レンドルは一八八センチと、身体的にも大きな差があった。しかし最も注目すべきは、レンドルが世界ランク一位だったことだ。彼はこの年、全豪オープン優勝など数々のトーナメントで優勝を飾り、全仏オープンに臨んだ。

「チャンは間違いなく格下だった」と言うのは、ボストン・グローブ紙やNBCテレビでこの試合を解説したバド・コリンズだ。[12] 勝ち目がないことは、誰の目にも明らかだった。

チャンとレンドルがコートで顔を合わせたのは、これが初めてではなかった。一年前にアイオワ州のデモインで、レンドルは赤子の手をひねるようにチャンを打ち負かした。

「今日君が負けた理由を知りたいか？」アイオワ州でレンドルはそう尋ねたという。「正直言って、君は僕を苦しめる材料を何一つもっていなかった。サーブもない。セカンドサーブは弱かった。このままじゃいつ対戦しても、何をどんなふうにプレイしても、僕は今日みたいに楽勝だろうね」

チャンはレンドルの言葉を深く心に刻み、サーブを鍛え、ボールの強さとフットワークに磨きをかける練習に一年を費やした。[13] その努力が実り始めていた。全仏オープンのコートでレンドルは最初の二セットをいとも簡単に連取したが、チャンは続く二セットを何とか奪い返す。しかしその踏ん張りが若者の体力を奪っていった。三時間以上に及ぶ全力プレイが、彼を衰弱させ脱水気味にさせた。ほっそりした身体に水やバナナを補給し、エネルギーを節約する動きを選ぶことで、チャンはその埋め合わせをしようとした。

「第四セットの終盤になると、ここぞというところでいつも足が痙攣してしまい、思い切り走れなくなりました。だからムーンボールを多用する一方で、できるだけ少ないラリー数でポイントを取る手段に出たんです」とチャンは言う[14]。

彼の肉体は限界に達していた。ちょっとした足の動きがヒマラヤを登っているかのように辛く感じられ、ラケットを持つ腕を動かすのはまるで線路を持ち上げようとするくらい困難だった。もうやめよう、彼は思った。「サーブも打てないし、コーナーへのショットを拾うこともできない。僕はサービスラインへ歩いていきました。審判に、もうこれ以上できません、棄権します、と知らせるためにです[15]」。チャンの本能的な反応は、家に帰って自分の安全地帯に引きこもることだった。ところが彼は考え直した。

審判のもとへたどり着く直前、気持ちに変化が起こった。「ハッと気づいたんです。もしも今ここでやめたら、この先コートの中で苦しい思いをするたび、もっと簡単に諦めるようになってしまうだろうって。その瞬間から、勝ち負けは大して重要じゃなくなりました。今日の僕の課題は、最後まで戦い抜くこと。この試合を、第五セットを終わらせること。勝とうが負けようが、試合をまっとうしようと決めました[16]」。チャンは踵を返し、ゲームの勝敗を決める最終セットの戦いに舞い戻った。

このあと起こったことはあなたにも想像がつくだろう。とはいえ、私がこの話を引き合いに出したのは、取るに足りない非力な存在が大物と果敢に戦う感動の物語を伝えたかったからではない。勝敗にかかわらず、チャンが次に下した決断は、彼を非凡な選手に変えた。

15-30とリードを許し、なおも肉体的に苦しみながら、チャンはある型破りな手段に打って出た。

彼が取った行動は失敗に終わる可能性が高く、大きな犠牲が懸念された――もしも失敗したら、彼は世界中の人々の目に愚かで未熟な若者と映るだろう。だがもしも成功すれば、とてつもない見返りが待っている。ニュージャージー州ホーボーケンで生まれた台湾系二世のティーンエイジャーが勝者となるのだ。

チャンが選んだのは意表をつく作戦だった。「咄嗟《とっさ》に思いつきました。そうだ、ここでアンダーサーブを打とう。とにもかくにもファーストサーブを打たなきゃ始まらない。もしかしたらポイントを捻り出せるかもしれないって[17]」。速くて強力なサーブの代わりに、彼は子供が打つようなサーブを放った。

これが功を奏した。アンダーサーブがレンドルの不意を打ち、ポイントは30-30。そのゲームを取り自信を取り戻したチャンは、ゲームカウント5-3とリードすると、もう一つの奇策に出る。「マッチポイントは二回ある。挑戦してみるのもありかもしれない[18]」。レンドルのサーブに対し、チャンはゆっくりとサービスラインに向かって歩き、その突飛な動きでレンドルの集中力を乱そうとした。観客席からは嘲笑や野次が聞こえる。動揺したレンドルはダブルフォルトを犯し、それで試合は終了した。その後も勝ち進んだチャンは全仏オープンを制覇し、グランドスラム男子シングルスではアメリカ人として五年ぶりの優勝を果たした。

先にも述べたように、人間は怖じ気づくとリスクの高い行動を避け、無難な手段を選ぶ傾向があるから、チャンのような賭けに出ることはあまりない。では、チャンが弱者特有の行動を乗り越えられたのはなぜだろう？

リスクを冒す動機になったものは何かと聞かれたチャンは、試合前夜に天安門広場で起きた事件が、自分の精神力を回復させたと語っている。一九八九年六月四日、中国人民解放軍が天安門広場へ突進するのを阻止しようとして、何千人もの武器を持たない市民デモ隊が命を落とした。チャンはレンドルとコートで相対する前夜に、その事件をテレビで見ていた。意欲を喪失させ不安を増大させるような事件だったが、彼に起こったのはまったく逆のことだった。チャンはやる気を失わなかった。天安門事件のおかげでテニスの試合を勝ち目のないものとして考えるよりも、彼いわく「笑えるようなことがあまりなかったときに、世界中の中国人に笑顔をもたらすことのできるチャンス[19]」と捉えられるようになったという。チャンは頭の中で積極的に状況を再構成し、ストレス下でもチャンスに狙いを定めた。コート上でその精神を保ち続けた彼のその後は、誰もが知るところである。

人間はおそらく他の動物とは違い、意識して心の目を状況の異なる側面に向け、反射的な反応を克服する力をもっている。たとえばある実験では、参加者にホラー映画を見せて恐怖心を植えつけ、その直後に金銭的な決断を求めた。すると案の定、参加者は状況が有利なときでも経済的リスクを避けることが多かった[20]。しかし意外なことに、それをただの映画だと考えるなど、恐怖心が消えるような見方で映画を再評価するよう指示すると、参加者はリスクを冒すことにより抵抗がなくなった[21]。つまり、私たちは自分の心の状態を意識的に変えて、本能的なパターンを打開することができる。このとき脳内では何が起こっているのか？　それを知るために、最後はカリフォルニア工科大学の学部生ローリーの体内にリープする。

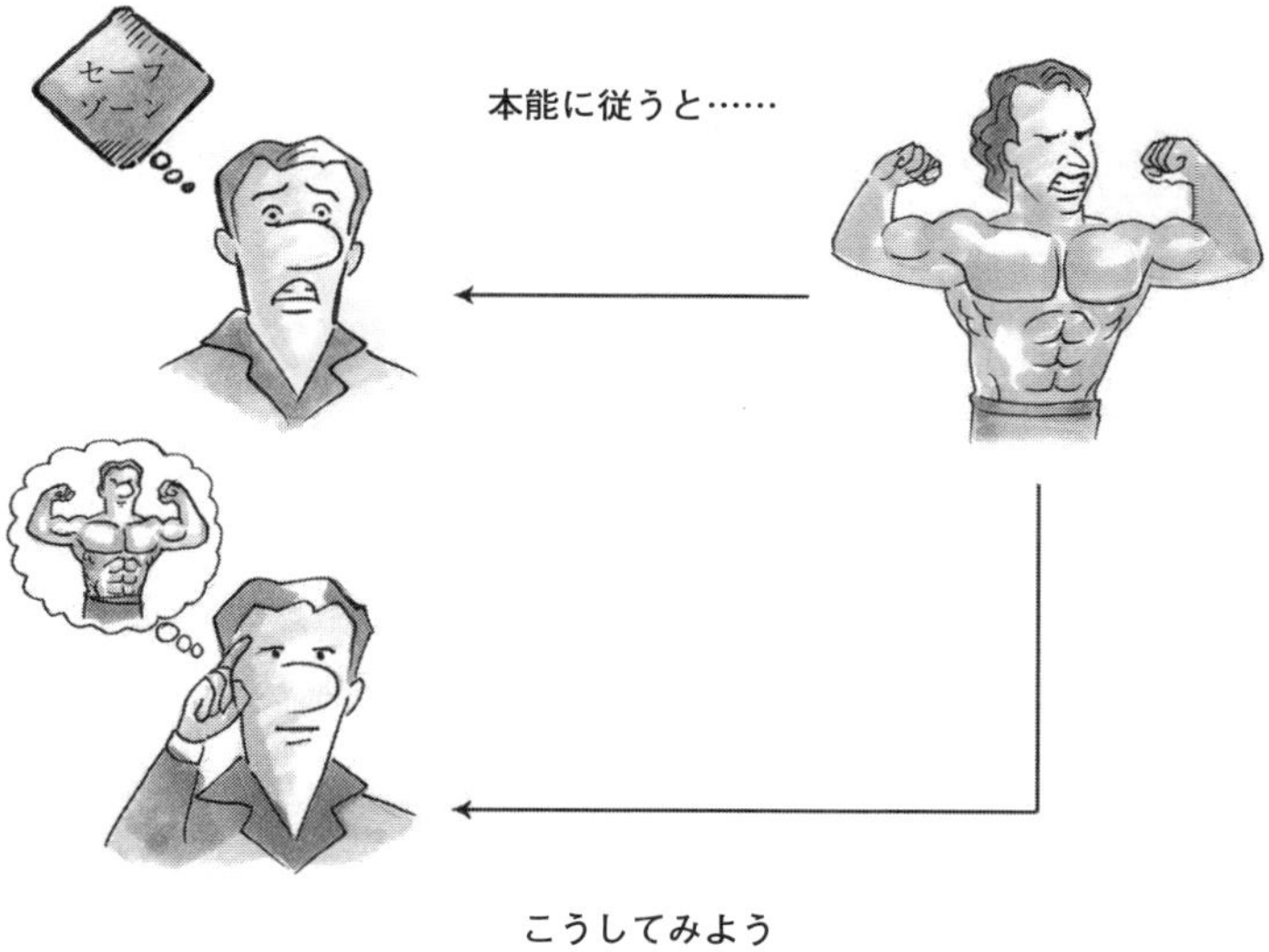

図９　心の状態。あなたの感情の状態に他人はどう影響を及ぼすか。ストレスや恐れを抱えていると、情報の受け取り方や決断の下し方に変化が生じ、その結果リスクを冒すのが最良のアプローチである場合でも、安全策を取るようになることがある。たとえば、勝ち目のないスポーツチームは、実際にはいちかばちかやってみるのが最善の方法だとしても、過度に無難なプレイをしがちである。このように、自分の決断が他人に無意識に影響されていることに留意していれば、それを克服して状況を違った角度から見直すことができる。チャンの例を挙げるなら、彼は格上のレンドルとの対戦を、歴史を変えるチャンスだとみなすことにした。

扁桃体を手なづける

カリフォルニア州パサデナ市にある、カリフォルニア工科大学。世界中から最も優秀な人材が集まってくるこの大学では、三四人の卒業生がノーベル賞を受賞し、一流企業の創業者も大勢いる。そんな競争の激しい環境が、若い学生たちにかなりのストレスを与えることもあるかもしれない。そうしたプレッシャーは、学業成績にどのような影響を与えるのだろう？　ある学生がストレスに屈するのに、別の学生が乗り越えるのはなぜなのか？

この疑問に答えるため、研究者たちのチームは、カリフォルニア工科大学の学生を五人一組で研究室に招いた。[22] 到着したアルバート、ロバート、マリー、ローリー、ウィリアムは、研究室でＩＱテストを受ける。採点を受け記録されたテスト結果は五人ともきわめて良く、スコアの平均は一二六だった（ちなみに一般の平均はＩＱ一〇〇くらい）。

数週間後、学生たちにもう一度テストを受けさせた。しかし今回はちょっとした仕掛けを施し、試験を受けているあいだ、グループ内における現在の自分のランクが表示されるようにした。序盤、学生たちの点数は急激に下がった。社会的な屈辱を受けることへの不安や競争へのストレスが、明晰な思考力を阻害したのだ。ところが試験が進行するにつれて、アルバートとローリーだけは不安を振り払い、目の前の課題に集中できるようになった。そのうえ、他の学生よりも良い点数を取ろうという意欲が高まり、最終的なスコアはかえって上昇したという。一方、残りの生徒は回復できず、前回より低いスコアに終わった。

テストを受けている学生たちの脳活動は記録されており、研究チームはアルバートとローリーがなぜ他の学生と違う反応をしたのかを調べるため、二人の脳画像を観察した。そこから読み取れたのは、脳の二つの部位——扁桃体と前頭葉の活動が決め手になるということだ。これまでの章でも述べたように、扁桃体は恐怖などの感情や社会的信号を処理するのに重要な脳の深部構造である。前頭葉は様々な機能のなかでもとりわけ、計画立案や高次の認知活動、そして感情の抑制に欠かせない役割を果たす[23]。最初は全員の扁桃体の活動が高まったが、アルバートとローリーについては急速に活動が低下し、その代わりに前頭葉の働きが活発になった。おそらく彼らは意識して恐怖を手なづけ、目の前の仕事に集中したのだろう。一方で、残りの学生たちの扁桃体は高い活動を保ったままだった。アルバートとローリーはチャンのように、社会的な脅威を乗り越え集中し直すことに成功したようだ。他の生徒たちはたじろいだままで、それによって成績が悪化した。

晴れの日とギャンブル

不安がテストの点数に影響を及ぼしたことを、学生の多くは気づいていないだろう。私たちの大部分は、自分の感情的な反応が心をどう変化させるのか理解していない。それは意識の外で行われるからだ。しかし、感情の状態が及ぼす隠れた影響は広範囲にわたる——他人の考えや決断を変えるのは、ストレスのようにネガティブな心の状態だけではない。ポジティブな状態が私たちの選択を左右することもあるのだ。

それを顕著に示す証拠の一つになっているのが、宝くじの売り上げを調べた研究である。宝くじが当たる確率は、ばかばかしいほど低い。それなのに人はなぜわざわざ購入しに出かけるのか？　どうやらその要因には「気分」が含まれるらしい。ニューヨーク市における宝くじの売り上げを分析したロス・オットーと、ニューヨーク大学の彼の同僚らは、ある特有のパターンを発見した。[24] 思いがけない良いことが起こると、宝くじを購入する人の数が増えるのだ。地元のチームが予期せず試合に勝てば、売り上げは上昇。冬のさなかに珍しく晴れていたら、売り上げアップ（注・これは単に人々が外出できるようになったことに起因するのではないと、論文の著者は主張している。というのは、六月の典型的な晴れの日には同じ効果が現れないからだ。予想通りの晴れの日よりも、予想外の晴れの日の方が人は幸せな気持ちになるという前提である）。これは相関研究、つまり変数間の関連性を示すものだが、ある一つの要素が別の要素を動かしているのかどうかは定かではない。とはいえ、明るく晴れた日のような思いがけないポジティブな出来事が、人々を良い気分にさせることに何ら不思議はない。楽しくゆとりがある状態だと、物事がいかに自分の思い通りに進むかということばかり考えるようになる。そこで自分の運を過大評価し、リスクを冒すことを厭わない気持ちが強くなるのかもしれない。

＊　＊　＊

ニューヨーク市とアラバで起きた集団ヒステリー、脅威にさらされ無難な作戦をとったアメリカン・フットボールの監督、そしてネガティブな情報に順応した消防士——これらの例はすべて、影響が単なるメッセージやそれを伝える使者ではないことを強調している。重要なのは、受け取る側の心理状態だ。そのときの心の状態によって、思考、決断、相互関係がガラリと変わることもある。友人のスヌーキーは、今日がたまたま彼女にとって不安な一日だったらあなたの主張に納得するかもしれないが、リラックスした日なら心を動かさないかもしれない。人々は異なる心理状態のもとで、それぞれに適した合図に耳を傾ける準備をしている。この原則を心にとめておくことは重要だ。たとえばこれは、不安を煽るキャンペーンがいまここでは役立たなくても、時と場所を変えれば効果的になるかもしれないことを説明してくれる。相手が連勝中の選手でも、深刻な診断を受けたばかりの患者でも、離婚手続き中のクライアントでも、助言を与えようとしているならば、サム・ベケットのようにリープしてみることだ。「自分の現実」から「相手の現実」にリープすることで、心の状態を見極めることができるかもしれない。相手の心の状態は、あなたの助言への反応の仕方に影響を及ぼす。だから、こちらの意見と相手の状態は合致している必要がある。同じ相手が今日はあなたのアドバイスを無視するのに、別の日には快く受け入れるのは、単に応援しているフットボールチームが昨夜の試合に負けたからかもしれないし、冬なのに太陽が輝いているからなのかもしれない。

7　赤ちゃんはスマホがお好き（他人　その1）

四月のある晴れた日、私はロンドンの病院の分娩室にいた。陣痛が来ると暴徒のような叫び声を上げ、そうでないときには文明人らしく赤ん坊の名前について考えを巡らす。スカーレット？　ドッティー？　イザベラ？　次に耐え難い痛みが襲ってくるまでの比較的頭が冴えた三分間を、私と夫は生まれてくる娘の名前を決める重大任務に費やした。ゾーエは可愛らしいけど、出世してCEOになったときどんな感じかしら？　セオドラは上品だけどちょっと真面目すぎるね。二人の血を分けた小さな命が、名もなくこの世に生まれてくるのは避けたかった。

断っておくが、私たちがとんでもない不精者で、きわめて重要なこの作業をぎりぎりまで放置していたわけではない。それどころか、出産直前の数ヶ月は毎晩のように、何時間もかけて様々な選択肢を議論した。深い意味があり、洗練されていて、簡単に書いたり発音したりできる名前。パッとしない人物は連想させず、珍しいけれども奇妙ではなく、そして万が一に備え、ロックスターにも大統領にもぴったり合う名前でなければならない。

初めて子をもつ親のほとんどがそうであるように、私たち夫婦もまた未熟で不安を抱えながらも、娘が素晴らしい人生のスタートを切ることを望んでいた。いろいろこだわりもあった。名前は子供のアイデンティティーの出発点であり、その子の将来への期待を表現したものだ。期待が自己実現につながっていく可能性を、行動科学者である私たちは十分に理解していた（注・とはいえ、名前と人生の関連性に関する科学には様々な仮説が混在している。たとえば、スティーヴン・レヴィットとスティーヴン・ダブナーの著書『ヤバい経済学』（望月衛訳　東洋経済新報社）には、名前は両親の期待を反映するが、子供の人生に直接的または間接的な因果効果はないと示すデータが掲載されている。それにもかかわらず、私たちは無難に、レヴィットとダブナーが呼ぶところの「勝ち馬《ウィナー》」の名前を選んでしまった）。娘が自分自身を見つめ、他人が娘を受け止める際に、名前にこめられた期待は少なからず影響を及ぼす、と私たちは考えていた。調査によると、エリザベスなど女性らしい名前の女の子は文系に進む可能性が高く、アレクシスなど男性のような名前の女の子は理系を選ぶ傾向にあるという。また、モーガンなど女の子っぽい名前の男の子は、将来問題行動を起こす可能性が高くなり、労働者階級によくある名前をつけられた子供は、セバスチャンなど上品な響きの名前をもつ兄弟とは違う扱われ方をする。それだけではない。三〇〇〇人の親を対象に行われた二〇一〇年の調査によると、五人の親のうち一人が、自分の子供につけた名前を後悔しているという[1]。名前が実際にどの程度まで人生に影響するのかは定かでないが、私たちはとにかく、危ない橋は渡らないようにしようと決めていた。

当初は、そこまで深く考えていたわけではなかった。娘の名前をつけるなんて朝飯前だと思っていたからだ。生まれてくる子が女の子だとわかってすぐ、二人はともにソフィアという名前を気に入った。古いヨーロッパの響きがあって、「叡智の女神」という意味がある。完璧だ。私たちはお腹の中のソフィアにこの上ない喜びを感じていた。しかしそれも、夫が「人気のある赤ちゃんの名前一〇〇選」を開いてみるまでのことだった。私たちの気持ちを根底からぐらつかせるように、ソフィアはリストの一番上に載っていた。その輝かしく叡智ある名前について、どうやら世界中の人々がまったく同じように感じていたらしい。

驚きだった。このときまで、私たち夫婦は独特のセンスや考え方をもち、人とは違う世界の捉え方をしていると信じ込んでいたからだ。ところが、リストを下までたどっていくうち、そんな考えは泡と消えた。私たちは娘に一番ありふれた名前をつけようとしていただけではない。候補名リストの上位にあった他の名前も、アメリカ社会保障局の二〇一三年の統計によるアメリカとイギリスのトップ10に入っていたのだ。オリビアも、エマも、ミアも、すべて！　自分がその他大勢の人たちと同じだったなんて！　めでたくも気づかずにいたが、世界中の何十億という人々は同じ感覚をもっているようだ。自分たちは人とは違うという意識も、強い思い込みにすぎなかったのかもしれない。

見た目に様々な人間がなぜ同じような好みをもつのだろう？　客観的に見て、「ソフィア」が世の中に存在する何千という名前に優っているわけでもないし、全員が意識的に流行に合わせた決断をしているわけでもないはずだ。だとしたら、たくさんの人が同時期に同じ決断を下すのはなぜだろうか？

生まれた日から始まる社会的学習

汗と悲鳴と罵り声に満ちた分娩室に入って二〇時間後、生まれてくる子の命名よりも痛み止めが気にかかるようになった私は、信頼する夫に娘の運命を託した。最終候補リストから夫が選んだ名前が「リヴィア」だ（ローマ皇帝アウグストゥスの快活な妻リウィアに由来する）。生まれてきたわが家のエネルギッシュなリヴィアも、瞬く間に泣き顔から笑顔へ、おすわりからハイハイへと成長を見せた。あと少しで一歳の誕生日を迎えようという頃、友人のニックが訪ねてきて、一週間前に出席したという「トルチャンチ」の儀式について熱心に語ってくれた。トルチャンチは子供の一歳の誕生日を祝う韓国の伝統行事だ。ニックいわく、その目玉となるのが、未来を占う儀式なのだという。何も知らない子供の前に種々雑多なものを置き、どれか一つを選ばせる。その選択が、子供の将来を予測すると信じられている。バナナを選べばその子は一生食いっぱぐれないし、本を選んだ子は学問の道へ進む運命にある。銀貨は富を、絵筆は創造性を約束するといった具合だ。

興味をそそられた私は、早速その晩、様々なアイテムを寄せ集めてリヴィアの前に置いてみた。聴診器（末はお医者様？）、ぬいぐるみのワンちゃん（獣医さん？）、植物（グリーンピースの活動家？）、パン菓子（料理人？）、そしてカラフルな脳の模型（もしや神経科学者？）。リヴィアは選択肢をじっくり丹念に眺めていたかと思うと、テーブルの隅にたまたま置いてあった私のｉＰｈｏｎｅに突進していった。

驚かずにはいられなかった。こんなに小さな子供が一台の電子機器に夢中になっている。リヴィアはそれを手にとるため、部屋のこちら側から向こう側へ器用に転がっていった。メールをチェックしたいのか、フェイスブックで近況をアップしたいのなら、ちっともおかしくない行動だ。でも、彼女の目的はそうではない。ｉＰｈｏｎｅを掴むと、素早く口に含んで噛んでみようとした。食べることができないと判明しても、彼女はくじけない。食べられるものも近くにあるのに、リヴィアは何度も何度もｉＰｈｏｎｅに手を伸ばす。音や光に引きつけられているのではなかった。そうしたおもちゃをすでにもっているのに、それには大して執着していないのだから。彼女がｉＰｈｏｎｅを選んだのは、両親がいつも興味深そうにいじっているのを、生まれたその日から見てきたからだ。この世に生まれ出てからたった数ヶ月で、まだ一言も言葉を発することができないときですら、彼女は金属でできたこの長方形の物体が非常に貴重なものであることを察していたのだ。

幼いリヴィアのｉＰｈｏｎｅに対する愛着は、脳の働きについて重要なことを教えてくれる。それは、人は生まれながらにして周囲の人々から学ぶ性質を身につけているということだ。この傾向は自然に備わった反射的なもので、社会的学習への強い欲求を表している。

人間の脳は、社会との関わりから知識を獲得するように設計されている。最も価値ある商品の見分け方から、ミカンの皮の剥き方に至るまで、ほぼすべての事柄を他人の行動を観察することによって学んでいるのだ。模倣し、吸収し、採用するという一連の作業を、私たちは意識せず行うことが多い。こうした仕組みの利点は、その環境における自分自身の限られた経験からだけでなく、多くの人々の経験から得られた情報や技術を拝借できるところにある。つまり、試行錯誤を繰り返すスローな過程だけに頼るよりも、素早く物事が学べるというわけだ。

両親がiPhoneを触っているのを見てわが娘が学んだように、私たちも他人を観察しながら生活の術を習得している。そこにはソーシャルメディアや映画、テレビなどの画面が介在していることもある。たとえば、近年アメリカで人気のあるメイソンという名前は、テレビのリアリティ番組で有名なコートニー・カーダシアンとスコット・ディシックの息子、メイソン・ディシックが火つけ役だとも言われている。すでに人気が上がり始めていた名前ではあったものの、メイソン・ディシックが誕生した一年後にはトップ100リストの三四位から二位へと急上昇し、その後五年間でも四位を下回ったことがない。彼らの出演番組を見ていなければ影響を受けないというわけではない。ジェイムズ・ファウラーとニコラス・クリスタキスが、『つながり』（鬼澤忍訳　講談社）の中で見事な説明をしているように、影響は人から人へと伝染していくからだ。もちろん、ここでその因果関係を証明するのは難しい――メイソンという名前が流行りだしたきっかけにメイソン・ディシックは無関係かもしれないし、むしろ影響を受けた側なのかもしれない（彼の両親こそ高まりつつあった流行に乗っかったのかもしれない）。とはいえ、人気のある名前の多くは、実在・架空に関係なく、その名を冠したキャラクターがメディアに登場するようになってから急激な人気の高まりを見せており、この事実を考えれば因果関係がある可能性も高いと思われる（疑問に思っている読者もいるかもしれないが、「ソフィア」の人気の由縁は、名前の専門家のあいだでいまだに議論されている）。

それでもなお、私たちのほとんどが、自分は普通の人よりも影響を受けにくいと主張するだろう。しかしそれは統計から考えても無理な話だ。私たち全員が平均よりも影響を受けにくいということはあり得ないのである。自分自身をマハトマ・ガンジーの縮小版とみなしてしまうのは、たいていの場合、影響の力は意識下で働くからだ。実際に多くの人が、自分は他とは異なる存在でありたいと願っている。自分が他人の好みによって形成されていると考えるのは不愉快なのだ。個性的でありたいという意識的な思いは、無意識的な社会的学習能力と相まって、私たちの目を同じ「個性的な」選択肢へと向けさせる。

シンク・ディファレント?

一九九七年七月、広告代理店ＴＢＷＡ／シャイアット／デイのアートディレクター、クレイグ・タニモトは、パソコンの広告キャンペーンを考案する任務を負っていた。クライアントのハードウェア企業は、優れた製品を作っているものの、売り上げに苦戦している。彼らのパソコンは芸術家タイプからは人気を集めていたが、一般人はこぞってＩＢＭシンクパッドを購入していた。生き残るために、企業は大衆の心を動かさなくてはならない。[2] どうすれば、ＩＢＭではなくクライアントの製品を購入したくなるよう、消費者の気持ちを揺さぶることができるだろう？

タニモトの代理店では、他に三つのチームが革新的な解決法を捻り出そうとしていた。一週間のブレインストーミングを経たあと、すべてのチームが一堂に会して企画案を発表する。当時、ＴＢＷＡ／シャイアット／デイのクリエイティブディレクターを務めていたロブ・シルタネンは、「会議室の床と言わず天井と言わず、スケッチや写真やデザインが覆い尽くしていた」と述懐している。[3] ほとんどのアイデアはありきたりでパッとしなかったが、タニモトの提案は傑出していた。彼が用意したのは、偉人たちの白黒の画像だった。一枚目はトーマス・エジソン、二枚目はアルベルト・アインシュタイン、三枚目はマハトマ・ガンジー。各画像の上部には「Think Different（シンク・ディファレント）」の文字と、レインボーカラーのアップルのロゴが配置されていた。シンプルだが卓越している。

「シンク・ディファレント」キャンペーンはとてつもない成功をもたらした。広告は数多くの賞を受賞し、アップルの売り上げは急上昇した。誰もがエジソンやアインシュタインのような独自の考え方をしたいと望み、マッキントッシュがその答えならそれに従った。今日では、アメリカの全家庭の半数がアップル製品を所有しているが、皮肉にもその熱に火をつけたのは「シンク・ディファレント（違ったふうに考えよう）」キャンペーンだった。タニモトが利用したのは、誰とも違っていながらも誰にでも好かれるものを持ちたいという人間の基本的な欲求だ。その矛盾は言うまでもなく、自分は人とは違うと考えたいのに、すぐに周囲の人々の意見や好みを取り入れてしまうところにある。聴いている音楽や、友達になる人のタイプ、使用するテクノロジー、そして子供につける名前は、純粋に自分だけで決定しているわけではないのだ。

この傾向は、欠点として描かれることが多い。自主性を欠くということは、責任を人に押しつけるという意味にも取られ、あまり望ましく思われないからだ。これは正当な懸念であり、本書でも再度触れたいと思う。しかし見方を一変させると、社会的学習は素晴らしい機会にも手段にもなり得る。望ましい行動を示すだけで、周囲の人々にポジティブな影響を与えることができるからだ。良い選択の見本を示せば、周囲も同じ選択をする可能性が高くなる。ただしこれは、愚かな選択をした場合にも当てはまる。

メルローを注文する奴がいたら俺は帰る！

社会的学習の力を最も明確に示した例の一つが、一九六〇年代初めにスタンフォード大学の心理学教授アルバート・バンデューラが行った初期の実験である。実験の対象となったのは、スタンフォード大学附属の保育所に通う七二人の未就学児だ[4]。そのうちの一人を仮にジェームズとしよう。研究室にやって来たジェームスを、プレイルームの片隅にすわらせる。そこには自由に遊べるように、シールやスタンプが置いてある。部屋の別の隅にいるのは、バンデューラの研究チームの一員、ハロルドだ。ハロルドはしばらくおもちゃで静かに遊んでいるが、やがて何の前触れもなく、そばにあったボボ人形〔空気で膨らませる大型の人形〕を叩き始め、「ビシッ、バシッ！」と声を上げる。

ジェームズはこの騒動をしばらく見守った後、おもちゃがたくさんある別の部屋へ連れていかれる。トラックや積み木を見つけたジェームズは楽しく遊んでいるが、まもなく最初の部屋に戻るよう指示される。戻ってきたジェームズは苛立って、風船人形を叩き始めた。「ビシッ、バシッ！」と叫びながら。

実験に参加していた別の幼児を仮にエディとしよう。エディはジェームズと同じような体験をするが、一つだけ違いがあった。ハロルドと同じ部屋にいたとき、ハロルドは攻撃的なふるまいを見せなかったのだ。その結果、エディも暴力的な行動を取らなかった。もちろんエディにとっても、おもちゃのトラックがたくさんある部屋から引き離されるのは不満だっただろう。それでも、その欲求不満を攻撃という形で表すことはしなかった。ジェームズとエディは、バンデューラが実験で分けた二つの参加者グループの代表的存在である。暴力行為を見たグループの子供たちは、その後同じふるまいをする可能性が高かった。そして、ハロルドが人形を叩くのを目撃しなかった子供たちは、自分でもそのようなことはしなかった。

私たちは皆ハロルドだ。あなたに自覚がなくても、他人はあなたの行動を認識して模倣する。これはほぼどんな状況でも当てはまるが、生徒、子供、同僚、友人など、あなたに特別な関心を寄せる人の場合は特にそうだ。私たちは他人に対して、何が基準で何が望ましいのかという信号を発信している。たとえば、親がポテトチップスを食べながら電話するのをしょっちゅう見ている子供に、梨を食べながら読書しなさいと言っても聞く耳をもたないだろう。しかし、あなたがポテトチップスよりも果物を選べば、周囲も同じ行動を取るかもしれない。

私が教え子のカロリーヌ・シャルパンティエと行った実験を例に挙げてみよう[5]。ロンドン中心部の研究室には、約一〇〇名の参加者が訪れた。彼らはその日何も食べていない。脂っこいイングリッシュブレックファストも、中毒気味のコーヒーも、軽めの昼食も、すべて我慢した腹ぺこの参加者たちだ。まずこの時点で、ベークドビーンズ、りんご、わさび豆など八〇種類の食品群について評価してもらう。その後、自分の選んだものが実験後に食べられるかもしれないと伝え、同じ食品群から複数選択してもらう。さらにその選択をする直前には、以前実験に参加した人々がどんな食べ物を選んだのかを提示した。調査が終わったあと、私たちは参加者に、他の人々の選択が自分の食品選択に影響を及ぼしたと思うかどうか質問した。

ある学生はこのように答えた。「なるほどと思ったし、他の人が選んだものにびっくりしたりもしたけど、私の好みは変わらなかった！」。また、「それはその人たちのチョイスであって、僕の選択にはまったく影響しないよ」と反論する人もいた。

実験に参加してくれた大多数と同じように、この二人も完全に間違っていた。一人目の女性の場合、他の人が選んでいたことがわかると、最初はまったく好きではないと答えていた食品（チェリートマトなど）を、二〇％の割合で選択したことがわかった（二人目の男性は一〇％の割合）。ということは、彼女が選択した食品の五つに一つはもともと特に食べたくなかったもので、それは社会的学習による変化だったと言っていい（注・私たちは、この変化が参加者の評価における統計上のノイズや注意不足によるものではなく、社会的学習に起因していることを確証するための対照実験も行っている）。他者の選択を認識すると、もののの価値を伝えるのに重要な脳の領域では、選択されたオプションの有用性が自動的に記憶に取り込まれる。そして、いざ自分が選択するときになると、価値を伝える信号を無意識に呼び出して、それを利用して決断するのだ。

これについては素晴らしい実例がある。架空のキャラクターが、現実世界のワインの売り上げにとてつもない影響をもたらしたのだ。[6] 二〇〇四年に公開された映画「サイドウェイ」の中で、ワイン通の主人公マイルスはカリフォルニア州サンタバーバラ郡のワイナリーを巡り歩く。ポール・ジアマッティ演ずるマイルスは、傷心のバツイチ男。結婚を間近に控えた友人ジャックの独身最後の旅に同行する。この映画が封切られると、サンタバーバラのワインの売り上げが飛躍的に上昇した――「メルロー」という品種を除いては。

「メルローを注文する奴がいたら俺は帰る。メルローなんて俺は死んでも飲まないぞ！」映画の中でマイルスが吐いたその一言が、その後一〇年以上に及ぶメルローの売り上げにダメージをもたらしたのだ。その影響はいまだに解消されていない。逆にマイルスが好んだピノノワールは、上映以来うなぎのぼりの人気を博している。子供にメイソンと名づけることでも、ピノノワールを飲むことでも、誰かの「選ぶ」行為を見るだけで、その選択肢は価値を増すように感じられ、別の人にも選ばれることが多くなる。選択している人物が、想像の産物にすぎなかった場合も同様なのである。

アマゾンレビューを操作する

社会的学習に対する懸念として、相手にとって最善ではない決断をさせてしまうことが考えられる。たとえばリヴィアについて考えてみよう。リヴィアにとっては、食べることのできる菓子パンや、一緒に遊べる犬のぬいぐるみを選んだ方が幸せだったのかもしれない。でも彼女が欲しがったのは、自分のニーズに合ったものではなく、私にとって必要なもの――iPhoneだった。二〇年後、仕事や人生のパートナーを選ぶときになって、娘がまだ両者を混同していたらと考えると心配だ。

もしも私たち親子が、狩猟採集民の祖先とともに数千年前の森に住んでいたとしたら、状況は違うものになっていただろう。食料が乏しく非常に貴重だったその時代、栄養、暖かさ、寝る場所など、ある人にとって必要なものは別の人にとっても不可欠だった。他人にとって価値あるものを追い求めることが、最適な戦略になることも多かっただろう。話を現在まで進めると、状況は幾分変わってくる。カップケーキやTボーンステーキが食べ放題の西洋諸国では、たいていの人間の基本的欲求は簡単に満たされる。現在において有益とみなされるものが、生き延びるために欠かせないものとは限らない。私が大切にしているものは、この専門的に特化した現代社会では、必ずしもあなたの役には立たない。

誰かの選択に従うのは無難だが、それによって生命が脅かされることもある。その顕著な例を挙げよう。アメリカでは毎年、提供された腎臓の一〇％が使用されず無駄になっている。たとえば、一人の患者が腎臓提供を辞退した。それは患者本人の特定の病状が原因なのかもしれないし、宗教的信念によるものかもしれない。次に移植を待つ患者は、臓器が一度辞退されたものだと知らされるが、その理由まではわからない。その二番目の患者は臓器に欠陥があったものと思い込み、命を救う可能性のある手術を見送ってしまう――これが次の患者、また次の患者へと続いていく。「腎臓」を「不動産」、「恋人候補」、「金融株」、「事業計画」などと置き換えてみよう。利益をもたらすかもしれない機会を、私たちは他人の過去の選択のせいでいかに多く逃していることだろう。(7)

ネット上でも現実世界と同じことが言える。人気のあるウェブサイトの多くでは、ユーザーの意見をわかりやすく数値化して表示している。社会的学習をする脳にとってこれはキャンディショップのようなもので、たくさんのペロペロキャンディやマシュマロが評価や口コミという形で並んでいる。たとえば本書の執筆時点では、アメリカで最も閲覧されているウェブサイト100を見ると、フェイスブックが三位、アマゾンが五位、ツイッターが一〇位、ピンタレストが一五位となっている。リストをもっと下へスクロールしていくと、イェルプ、トリップアドバイザー、そしてレディットを見つけることができるだろう。どれもアメリカでは日常的に利用されているものだ。これらのサイトは、休暇にどこへ行くか、どの友人が好きか、次はどんな本を読むべきか、どこの病院は避けた方がいいか、といった決断をするときの助けになる。出会い系サイトのなかには、次の女性の参考になるように、女性が昨夜デートした男性を評価できるものさえあるらしい。評価はいまや新しいバイブルであり、生活の指針となってしまった。問題は、その指針がどれくらい正しいかということだ。

オンライン上の評価は独立した多数のユーザーの意見を反映したものであり、だからこそ説得力が

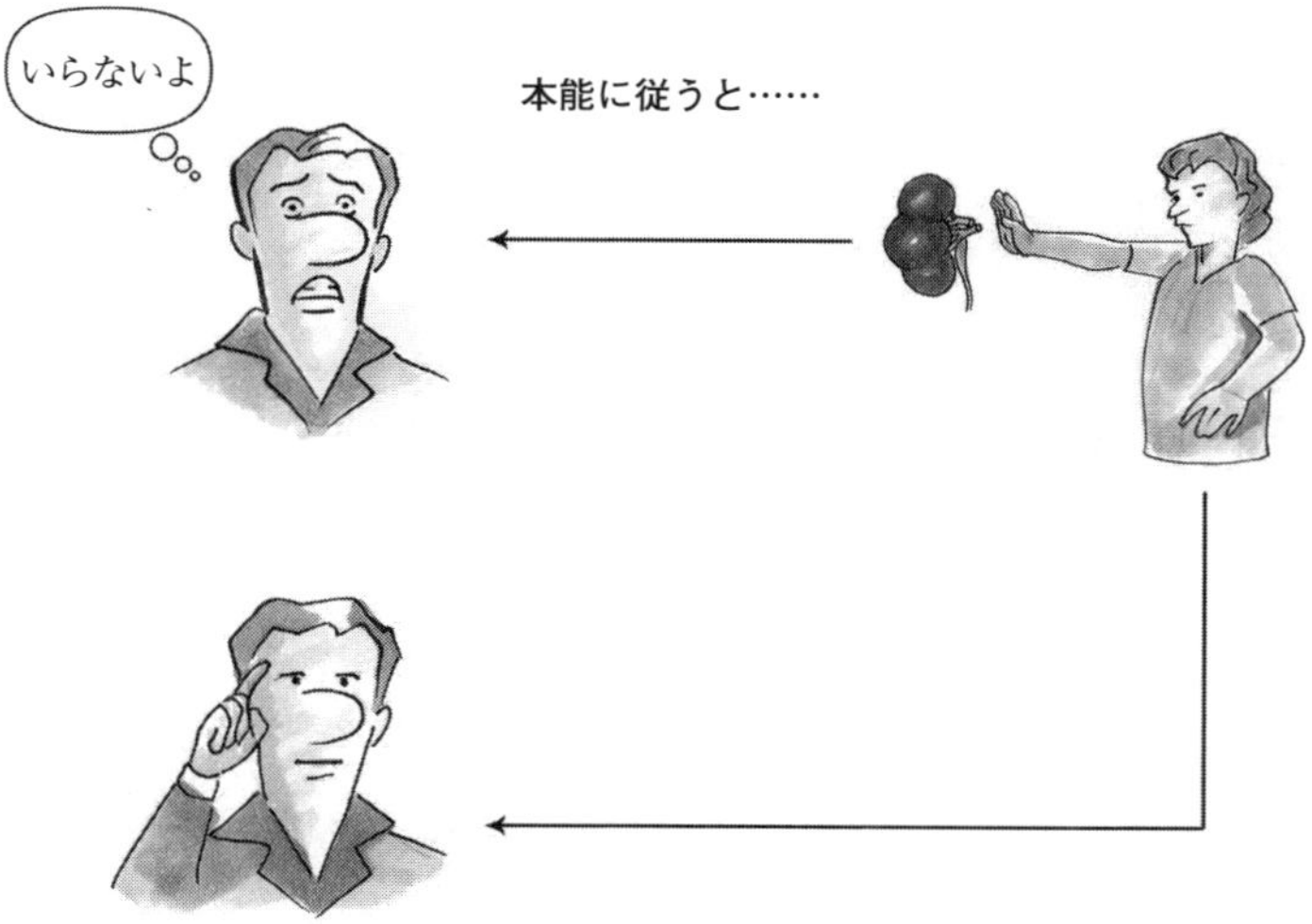

図 10　他人。（過度の）社会的学習に注意。私たちが本能的に他人の選択をまねるのは、自分が持ち合わせていない情報を持っていると思うからだ。しかし他人の判断は、こちらの状況とは関係ない考えに基づいているかもしれない。誰かの判断に追従する場合、それが自分には不適切であるかもしれないことを心にとめ、慎重になる必要がある。たとえばアメリカでは、提供された腎臓の 1 割は使われないまま無駄になる。最初の患者が辞退すると、問題のない臓器であっても、2 人目以降の患者がそれに倣って辞退する可能性が高いからだ。

あると私たちは考える。しかしその際に見逃していることもある。イェルプでレストランを、アマゾンで書籍を、トリップアドバイザーでホテルを評価するとき、あなたが見つめているのは真っ白な画面ではない。あなたがレビューを投稿する時点で、そのレストランや書籍やホテルのレビューはすでに存在しており、それらはこれから投稿される評価に影響を与える。ニューヨーク大学で博士号を取得し、現在フェイスブック社に勤務しているショーン・タイラーは、既存の評価や口コミがその後の評価にどう影響するかという研究をしている[8]。調査によってわかったのは、コメントを操作して最初に高評価のレビューを掲載すると、それに続く好意的なレビューの数は通常より三二％多くなり、実験終了時の総合評価はなんと二五％も上昇した！　つまり、レストランや書籍に対する平均的な評価と素晴らしい評価の違いは、たまたま最初にログインして投稿したユーザーに起因することもあるということだ。一人の人間、一件のレビューが後に続くたくさんの人々に及ぼす影響の力には、驚かずにいられない。

こうした評価が、人生に関わる決断において重大な役割を果たすこともある。たとえば数週間前、私は秋学期のコース選びについて教え子の相談に乗っていた。彼の研究には社会心理学が役立つのではないかと勧めたが、学生は教授評価サイト（www.ratemyprofessor.com）を調べて教授の評価が低いことを知ると、社会心理学を選ぶ代わりに、一番人気の講師が教鞭をとる人類学のコースを選択した。私の学生は、長期にわたる影響をもたらすかもしれない大事な教育上の決断を、どれだけの事実を反映しているかわからない数字をもとに下したのだ。彼はまた、普通の学生はこのコースを高く評価していなくても、彼独特の興味にぴったり合っているかもしれないという可能性を見逃してしまった。

他人の意見と記憶の改変

数年前、イスラエルのワイツマン科学研究所で、私はマイカ・エデルソン、ヤディン・ドゥダイとともに研究を行った。私たちが調べたかったのは、他人の考えや信念を知るとき、脳の内部では何が起こっているのかということだ。そのとき人間の脳内では、正確にはどのような物理的変化が起きるのだろう?

実験参加者になったつもりで読んでほしい。月曜日の朝、あなたはヤディンの研究室に到着する。その近代的な建物はテルアビブから二〇分ほど車を走らせた場所にあり、太陽が燦々と降り注ぐ緑色のキャンパスの中心に建っている。待合室にすわっているあなたは、同じく参加者のロージー、ダニエル、スー、アダムと顔を合わせる。研究員のマイカが部屋に入ってきた。彼は数枚の用紙に必要事項を記入させたあと、ドキュメンタリー映画を上映する。テルアビブに住む不法滞在者の苦難を記録した映画が四五分ほど続く。あまり知られていないが、イスラエルには毎年不法移民が入国し、介護や建設の現場、もしくは外食産業で働いている。警察は不法移民を摘発するための特別チームを編成しており、映画では警察官と移民のあいだの摩擦が丹念に描かれている。

上映が終わると、あなたはパソコンの前にすわり、映画にまつわる二〇〇の質問からなるテストを受ける。逮捕されたとき女性は何色の服を着ていたか（赤、とあなたは答える）、そのとき警察官は何人いたか（たぶん二人）、等々だ。アダムやロージーやほかの参加者もテストを受けていて、結果はとても良かった。数日後、あなたは再び研究室に呼ばれ、今度はＭＲＩ装置の中で脳スキャンを受けながら、同じ質問に答える。ただし今回は、答えを出す前にアダム、ロージー、スー、ダニエルの回答が表示される。だがそこには時折嘘の回答が混じっている――実験側が故意に挿入したものだ。

それでは始めよう。逮捕されたとき女性は何色の服を着ていたか？　あなたは赤だと思ったが、アダム、ロージー、スー、ダニエルは全員白と答えた。ここであなたはどうするだろう？　驚くべきことに、実験に参加した人々は七〇％の割合で、ほかの参加者による誤回答に従った。自分は正しいと思っていたにもかかわらず、その自信は集団の力によって打ち砕かれたのだ。

それだけではない。私たちはテスト終了後、実はアダム、ロージー、スー、ダニエルの答えが一部偽物だったことを参加者に明かした。そのうえで、自分自身の記憶に忠実に従ってもう一度テストを受けてもらった。

本当に興味深いのはここからだ。操作があまりにも強力に働いたため、参加者の記憶の約半分は永久に変わってしまった――もはや映画の記憶は不正確で、間違った回答に固執している。(9) 彼らに、自分はまだ事前に見た偽の答えに影響されていると思うかと質問すると、ほぼ声を揃えて「いいえ！」という答えが返ってきた。いったいどういうことだろう？

問題の鍵となるのは、これまでの章でも説明してきた脳の領域「扁桃体」だ。扁桃体は、ネズミからサルまでほとんどの生物に見られる進化上古くから発達した部位で、恐怖などの感情を処理することで知られている。[10] しかしあまり知られていないのは、扁桃体の機能が初めて報告されたとき、それは感情ではなく社会的な能力に関連すると信じられていたことだ。一九三〇年代後半、二人の科学者ハインリッヒ・クリューバーとポール・ビューシーは、内側側頭葉（扁桃体を含む）を損傷したサルが突如、普通では考えられない奇妙な行動を取るという研究結果を発表した。[11] 通常の社会生活を送るためには、サルでなくとも正常な扁桃体がなくてはならない。人間もそうだ。なぜなら、感情を処理する能力は、社会性と密接に関連し合っているからだ。扁桃体が大きいと友人が多く、多面的なソーシャルネットワークをもち、人に対してより正確な社会的判断ができるらしいことが明らかになっている。[12]

私たちの実験では、ほかの人たちの回答を知らされると、参加者の扁桃体が活性化することが判明した。活性化した扁桃体は、すぐ隣の領域で記憶形成に重要な役割を果たしている「海馬」を刺激する。その相互作用によって、映画に関する記憶に変化が生じたのだ。[13]

社会的な要因が引き起こす記憶の変化は、その後前頭葉の活動によって修正されることがある。[14] 私たちがほかの人々の記憶を偽って提供したことがわかったとき、前頭葉に激しい活性化が見られた参加者は、映画についての最初の記憶を回復することができた。しかしこの修正がいつも行われるわけではない。扁桃体が他人の意見に強力な反応を示すと、生物学的反応が引き起こされて、前頭葉がのちに誤った思い込みを正すことができなくなる。

この実験で参加者は偽の記憶に従うことがあったが、およそ二回に一回はそれらの記憶が正しいと心から信じるようになっていた。単に顔を立てるためとか、衝突を避けるためではない。記憶の痕跡が物理的に変化したのだ。人が他人に影響されるときの脳活動を調べる大きな利点は、信念や記憶や嗜好の変化が本当に修正されてしまった可能性が高いのか、それとも本心では真実を知っているのに大多数に合わせた方が簡単だと思っているのかを見極められる点にある。

最初に飛び込むのは誰？

あなたの意見や決断が人目にさらされると、そこに変化が生じる。仕事の依頼を引き受けたり、恋人を振ったり、ホテルのレビューに最高得点をつけたり、臓器提供を見送ったりすることはすべて、他人の意識や決断を変える要因になり得る。しかしもう一つ、あなたの選択が他人の選択を変えるかどうかを決める重要な要素がある——その決断が招いた目に見える結果だ。

経済学者のクリストフ・チャムリーによるアデリーペンギンの逸話を見てみよう。[15] アデリーは南極大陸に生息する小型のペンギンだ。真っ黒なボディーから大きな白いお腹を覗かせたその姿は、まるでタキシードがよちよちと歩いているようだ。アデリーペンギンの大群が、大好物のオキアミなどのエサを探して、水際へそぞろ歩く様子がよく見られる。しかし、氷のように冷たい水の中には、危険が待ち構えている。たとえばヒョウアザラシ。この動物はペンギンというごちそうに目がない。ペンギンのぽっこりした白いお腹はグーグー鳴っているが、アザラシのお腹もグルグル音を立てている。そのときアデリーペンギンはどんな手に出るだろう？

ペンギンがとった作戦は、我慢比べだ。群れの中の一羽が根負けして飛び込む（または押される）まで、待って待って待ち続けるのだ。一羽が飛び込むと、残りのペンギンは短い首を精一杯伸ばし、次に起こることを期待に胸を膨らませながらじっと見守る。もしも先陣を切った勇敢なペンギンが生き延びれば残り全員があとに続くし、命を落とせば背を向ける。一羽のペンギンの運命が、すべてのペンギンの行く末を変えるのだ。まさに「学ぶことは生きること」である。

二本の長い脚で歩く長身の生物も同じだ。私たち人間も何か思い切ったことをするとき、先に怖いもの知らずの友人が飛び込み、無事に着地できたかどうかを確認する。それは現実でもそうだし（誰かが先に飛び込み台から飛び降りたり、門を飛び越えたりするのを見てから自分もそうする）、比喩的にもそうだ（会社を立ち上げたり、本を書いたり、離婚したり、子供をもうけたりする前に、誰かが同じことをして大丈夫そうなのを見届けてから自分もそうする）。それが一杯のワインを選ぶような簡単なことだとしても、観察するということは優れた戦術となる。どのボトルを注文するか決めかねているなら、他人が好みの赤ワインを飲んでいるときの反応を見るのは悪い方法ではない。

要するに、周囲はあなたが選択したものだけでなく、選択の末にあなたが経験した結果を観察しているのだ。だからこそ、良い行いには報酬を、悪い行いには罰を与える行為が、広範囲にわたって浸透している——褒められたり非難されたりした本人だけでなく、見ているすべての人々にも影響するからだ。これを証明するため、先述した心理学者のアルバート・バンデューラは、ボボ人形の追跡実験を行った。手順は同じだが、ハロルドが人形を叩いたあとにキャンディを与えるか、もしくは二度としないように注意する。すると、ハロルドがご褒美をもらうのを見ていた子供の方が、叱られるのを見ていた子供よりも、あとで人形を叩く確率が高かった[16]。

他人の行動による結果から、人間の脳はどのように学ぶのだろう？　単純に、自分自身の経験から学ぶときと同じ神経系を利用するのだろうか？　それとも、他人の成功や失敗から学べるよう同等のメカニズムを発達させてきたのだろうか？　サルを使った実験から、自身の成功不成功に反応するニューロンは、他人のそれに反応するニューロンとは別物だということがわかっている。それらは隣接しているが、一つのユニットとして機能するわけではない[17]。この区別は、自分の失敗と他人の失敗を見分け、さらにその両方から学ぶのに役立つ。

自分の経験か他人の経験かによる脳反応の違いはもう一つあるが、それはちょっと嫌らしい人間の一面を表しているかもしれない。脳の奥深くに線条体という構造がある。線条体は進化的に古い脳の部位で、何が私たちに喜びをもたらし、何が損害を与えるのかを知るのにとりわけ重要な役割を果たしている。このとき線条体のドーパミンニューロンは、結果が予想以上に良いと激しく発火し（それによって、良い結果を招いた行動を繰り返す可能性が高くなる）、予想以上に悪いと発火を弱める（悪い結果をもたらした行動を繰り返させないようにする）[18]。

たとえばあなたが大学生で、教授に難しい質問をされた場面を想像してみよう。あなたは答えに確信がなかったものの、口ごもりながら何とか返答する。すると教授は「素晴らしい！」と絶賛する。「今学期で最も的を射た答えだ。君には特別に追加点をあげよう」。線条体のニューロンはお祭り騒ぎだ。教授の肯定的な評価が思いがけなく嬉しかったことを示唆するように、ニューロンの発火頻度は急上昇する。反対に、「まったくひどい答えだ。失望したぞ。君は落第点だ」と言われたら、教授の評価が思いがけなく気落ちさせるものだったことを示すように、ニューロンの発火頻度は下がる。

しかし面白いのはここからだ。研究から明らかになったのは、教授に指名されたのがあなたではなく友人のマクシマスだとしたら、線条体は逆パターンの反応を示したということだ。[19] マクシマスが叱られたらあなたのニューロンの発火頻度は上がり、褒められたら発火頻度は下がっただろう。脳は自分以外を競争相手と見なしていて、それゆえに他人の失敗は自分の報酬、他人の成功は自分の損失、とプログラムしているようなのだ。

とはいえ重要なのは、あなたはマクシマスの経験から学び、マクシマスはあなたの経験から学ぶことができるという点で、それはとても素晴らしいことである。実際、あなたの脳はマクシマスの経験を記憶として取り込むだけでなく、マクシマスの行動を自分が取ったかもしれない行動と比べている。同僚がプレゼンテーションを行っているときや、友人がディナーを作っているとき、「私だったらあれはピンクの棒グラフにしないのに」、「このフェットチーネ・アルフレッドは塩がききすぎだな」など、常に自分との比較を行ってしまうのが人間だ。その際あなたが頭の中で行う決断と、他人の実際の決断は似通っていることが多いが、他人の行動が自分の期待していたものとは違った場合、その不一致はあなたの前頭葉（特に背外側前頭前野と呼ばれる領域）にあるニューロンの発火を促す。[20] ニューロンが「おい、何か予想外のことが起こってるぞ。みんなで注目しないと」と叫んでいるのだ。この信号によっていま起きていること――誰かがあなたと違う決断をしていること、その決断が正しいものかどうか観察する良い機会であること――に特別な注意が払われる。

心の理論

これまで見てきたとおり、人間の脳は常に他人から学ぶよう設定されている。私たちは生まれたその日から他人をまね、無意識に他人の選択に基づいて評価を再考し、他人に同調して記憶を変化させる。そして、周囲にいるすべての人々の成功と失敗をニューロンを用いて記憶する。同じ目的のために、脳が用いるもう一つの手段がある――「心の理論」と呼ばれるものだ。[21]

私はこの文章を二月一四日に書いている。そう、バレンタインデーだ。あなたは「チョコレートメーカーが売り上げを伸ばすために考案した日でしょ」と冷めた見方をするかもしれないし、もっとロマンチックに「いつも優しくしてくれるあの人に、私がどんなに愛しているかを思い出させる日」だと思うかもしれない。どんな関係であれパートナーと呼べる人がいるなら、あなた自身のバレンタインデーに対する思いはさほど重要ではない。大切なのは、パートナーがどう思うかだ。その日をどのように過ごしたいか直接聞けばいいのかもしれないが、相手はあなたに汲み取ってほしいと願うだろう。

つまり、あなたにとって素敵なバレンタインデーになるかどうかは、そのイベントに対するパートナーの思いをどれだけ汲み取れるかにかかっている。あなたがすべき仕事は、相手の立場に身を置き、彼もしくは彼女が何を期待しているかを探ることだ。基本的にはこれが「心の理論」――相手の心中を察する能力――である。人間は、地球上で唯一「心の理論」をもつ生物とされている。私たちは依頼人、患者、従業員、上司、恋人の気持ちを常に考え、それに従って自分の行動を調整する。たとえばこの文章を書いているとき、私は読者の気持ちを思い浮かべ、できるだけすんなり伝わりそうな言葉を選ぶようにしている。

カクテルパーティーに出席しているところを想像してみてほしい。ウェイターがそばへやって来てエビのカナッペを勧めるが、すでにお腹がいっぱいだったあなたは丁重に断る。あなたと会話をしていたルーシーは、そのやりとりを見て無意識に「心の理論」を働かせ、あなたがなぜカナッペを断ったのかを理解しようとする。彼女は動機を探ろうとして、自然と「自分があなたの立場だったら」という観点で考えるだろう。この本能的な策略がうまく機能することもあるが、誤った結論を導き出すこともある。ルーシーが空腹だとしたら、あなたがピンク色をした一口のお楽しみ《アミューズブーシュ》を断る本当の理由にはなかなかたどり着けない。エビが悪くなっているとか、口をモグモグさせたまま会話をするのは失礼だからという推測に達する可能性が高いだろう。そしてウェイターがカナッペを勧めると、ルーシーも上品に辞退するかもしれない。

心の理論を用いるのは有効な手立てであり、互いに心を通わせたり、相手の次の行動を予測したりするのに役に立つ。しかし人の心は緻密な推論機械ではない。必ず間違った結論に達することがあるだろう。その結果はオードブルを見送るよりよほど重大な場合もある。二〇〇八年の市場崩壊を生んだバブル経済について考えてみよう。金融バブルは、人々が非現実的な高値で大量取引をするときに生じる。バブルが発生する理由はいろいろ考えられるが、もしも心の理論がなければ、市場バブルも生じないかもしれない。あなたが株のトレーダーだとしよう。あなたはパソコンの前にすわり、トレンドラインがタンゴのリズムのように上下するのを見守っている。いつダンスに加わり、いつ退くべきか、決断が迫られる。すると突然、オーブンの中でムクムクと膨らむスフレのごとく、トレンドラインが急上昇する。「何が起こっているんだ？」とあなたは考える。「どうしてみんな買いに走るんだ？俺の知らない情報があるのか？」

神経科学者のベネデット・デ・マルティーノ、コリン・キャメラーをはじめとしたカリフォルニア工科大学の研究者たちが証明したのは、バブルの影響を受けやすく、高値で株を買う傾向のある人は、たとえば人の目を見ただけで心の状態がわかるなど、心の理論をうまく使いこなすことのできる人でもあるということだ。[22] もっと言えば、バブルを発生させるような金融上の意思決定を下すのは、バレンタインデーにパートナーが一番欲しがっていたものをプレゼントできる人が多いということになる。なぜか？　トレーダーがバブルに乗ろうと決意するのは、他の人々が市場について肯定的な情報をもっていると信じたときである。トレーダーは他人が何を考えているのか考えた末、高騰の正当な理由があるに違いないと判断する。その結果、高値で購入する決断を下すのだ。

これまで見てきたことから得られる教訓が二つある。一つ目は、他人の選択や行動を自らの手引きにしようとするときは、注意が必要だということだ。多くの場合、影響は気づかないうちに及んでいるものだから、私たちはいま以上に意識を高めるしかない――すでにあなたは影響されていること、人の推測は間違っているかもしれないこと、自分だけの個性を考えなしに他人の個性と差し替えないことを、より一層心にとめるべきだろう。イェルプやトラベロシティのレビューを見て、意識的に他人の意見を参考にする場合には、それらのレビューが思うほど正確ではない可能性に留意する必要がある。次章では、他人の意見をより賢く利用する方法を考えていきたい。

＊　＊　＊

二つ目に、メイソン、リヴィア、ハロルド、そしてアデリーペンギンから学ぶべきことがあるとすれば、それは変化をもたらすにはたった一人の人間で事足りるということだ。実はマイカ、ヤディンとともに行った実験について、私は重要な詳細を一つ伝え忘れていた。実験の参加者が、自分の正しい答えを捨て去り他人の間違えた答えを採用したのは、グループが全員一致で誤回答を支持したときだった。しかし誰か一人でも正しい答えを出していれば、参加者は最初の考えを曲げなかった。つまり、集団の中にあっても、たった一つの異なる意見が存在すれば、他人に自主的な行動を取らせることができたのだ。あなたは他人に影響されるが、それだけではない――他人もあなたの影響を受けている。だからこそあなたの行動や選択は、自身の人生にとって重要なだけでなく、周囲の人々の言動にも大きな意味を与えることになるのだ。

8 「みんなの意見」は本当にすごい？（他人 その2）

「全員一致」というのは心強い響きだ。陪審員が「全員一致」の評決を下した裁判は、単純明快だったと見なされるだろう。「全員一致」の選択肢がなければ、人はいつだって「少数」より「大多数」を選ぶ。少数の人が好む解決策よりも、大多数の人が好む解決策の方が耳へのなじみもいい。あなたなら大多数の人が薦める医者と、少数の人が薦める医者のどちらを選ぶだろう？　前者に決まっている。

ジャマイカ生まれの著名な作家、マーロン・ジェイムズの作品は、ある団体から「全員一致」の評価を受けたことで知られている。二〇一五年、名誉あるブッカー賞に満票で選ばれた『七つの殺人に関する簡潔な記録』（旦敬介訳　早川書房）は、選考委員会から「きわめて素晴らしい作品」と賞賛を受けた。この受賞により、彼はサルマン・ラシュディ、イアン・マキューアン、アイリス・マードック、キングスリー・エイミスら有名作家と肩を並べることになった。

その一〇年前、ジェイムズがデビュー作となる『ジョン・クロウの悪魔（*John Crow's Devil*）』を売り込んでいたときにも、世界中の編集者の意見は一致していた。それは「全員一致」の判断だったが、ある点が異なっていた――ジェイムズの作品は出版に値しないと全員が評価していたのだ。彼の原稿は七八回拒絶された。やがて訪れる作家マーロン・ジェイムスの成功を考えれば、編集者の判断は誤っていたと言って間違いないだろう。

数え切れないほどの拒絶を受けたジェイムズは、あらゆる手を使って『ジョン・クロウの悪魔』をこの世から抹殺しようとしたという。多くの専門家の意見が痛烈に胸に突き刺さったのは当然だ。「友人たちのパソコンに入っている原稿も消しまくったよ」と彼は言う。[1] 幸いその後彼の気は変わり、Eメールのアーカイブを探していた際に、削除した原稿をサイバースペースの彼方から救出することができたそうだ。彼の作品を世に出したのは、ラッキーナンバー七九番目の出版社だった。

これは決して珍しい話ではない。『ハリー・ポッターと賢者の石』（松岡佑子訳　静山社）は、一二の出版社の一二人の編集者に断られたあげく、最初の原稿持ち込みから一年後にようやく出版に漕ぎつけた。ブルームスベリー社の編集者バリー・カニンガムがJ・K・ローリングに前払いで支払った原稿料は、わずか二五〇〇ポンドだったという。[2]

決断を下す際、カニンガムが他社の編集者と違ったのは、よそとは一風異なる熱心な読書家、アリス・ニュートンからの貴重なアドバイスを得た点だ。アリスはブルームスベリー社の社長ナイジェル・ニュートンの娘で、当時八歳だった。娘に読ませるため、ニュートン社長はハリー・ポッター第一章の原稿を持ち帰った。アリスはすぐさまその物語に引きつけられ、貪るように原稿を読み、続きをねだった。社長は、原稿を渡した一時間後に、アリスが頬を紅潮させて部屋から降りてきたのを思い出す。「パパ、こんな面白い本読んだの初めて！」(3)

こうしてアリスは、J・K・ローリングの将来を決定づけた。貧しいシングルマザーから億万長者へと姿を変え、世界中の子供たちが目を輝かせる物語を次々と生み出しているのは有名な話だ。

ハリー・ポッターの出版を決めたとき、すでに多くの編集者が原稿を突き返していることを、カニンガムはおそらく知っていただろう。それでも彼は、一人の少女の意見と、一二人の経験豊富な編集者の判断をじっくり比較検討した。その結果カニンガムは正しい決断を下し、残りの編集者は地団駄を踏んだ。

多いほど正しくなる？

カニンガムは、一般的な考え——つまり、多くの意見を集計し平均するとより良い選択ができるという概念を度外視することによって成功した。この概念は、一九〇七年イギリスのプリマスで起こった有名な出来事にさかのぼる。ある典型的な雨の日、毎年恒例の食肉用家畜家禽見本市に、国中から人々が押し寄せた。そこでは丸々と肥えた雄牛の重量を当てるコンテストが開かれており、参加した八〇〇人は小さな紙切れに重量の推定値を書いた。その後雄牛は解体されて量りに乗せられたのだが、

図 11　雄牛の重さに対する人々の推測が真実を取り囲んだとき、その平均値はほぼ正確だった。

驚くなかれ、紙切れの数値を集計すると、予測の平均値は一二〇七ポンド——雄牛の実際の重さより一%少ないだけだった。ヴィクトリア朝時代の碩学フランシス・ゴルトンは、群衆の知恵は元来考えられているよりも賢明だとするこの研究結果を、科学専門誌ネイチャーに発表した(4)。論文の影響を受け、私たちの意思決定の仕方も変わっていった。

それがビジネス戦略に関する選択でも、今夜の夕飯に関する選択でも、一〇〇年後の現在広く受け入れられているのは「選択は多人数で行うほど好ましい」という考え方だ。「群衆は賢い」という認識が普及したのは、ジェームズ・スロウィッキーの著書『「みんなの意見」は案外正しい』（小高尚子訳　KADOKAWA）が注目された近年である。[5] しかしこの本を注意深く読み進めると、スロウィッキーは自著のタイトルを補足するように、集団が個人よりも賢いのは特定の状況下に限ると読者に警告しているのがわかる。それでもなお、読者やマスコミや世界の多くの人々は、原則として、一人より二人の脳、二人より一〇〇〇人の脳の方が賢いという信条をもち続けている。

とはいえ、真実はそう単純ではない。集団は賢いかもしれないが、時に愚かでもある。ではなぜプリマスの群衆が力を合わせると、代表的な一個人よりも雄牛の重量をより正確に推測できたのだろう？　これから学ぶように、その答えは「知恵」とはかけ離れたところにあった。

人間体温計

先日、子供たちのベビーシッターをしているリズベスから仕事中に電話を受けた。娘のリヴィアがぐずっていて、熱があると言う。責任感のあるシッターのリズベスは、娘の熱を一度だけでなく、別の体温計を使ってもう一度測った。最初は三九・二度、次は三九度。そこでリズベスは、リヴィアの体温を約三九・一度と結論づけた。

リズベスはなぜわざわざ、二つの道具を使って体温を二回測ったのだろう？　彼女はどちらの体温計にも何かしらの歪みがあることを、正しく認識していたのだ。どんな機器も完璧ではない――設計にちょっとした欠陥があったり、使い古されていたりするからだ。でも、別々のメーカーが作った異なる機器が、まったく同じ欠陥をもち、同じ間違いを引き起こす可能性は低い。測定結果を平均したなら、誤差は相殺されてより正しい数値になるだろう。もしも家中に五〇個の体温計が転がっていたら、リズベスはさらに正確な測定ができたかもしれない。

プリマスの群衆が、歩いて喋れる体温計だと想像してみよう。各々が雄牛の重量を測定するが、それぞれの異なる視点、過去の経験、視力などによって誤差が生じる。たとえばチャーリーとローザのように高めに見積もる人もいれば、ジュリアンとサルマのように若干低く見積もる人もいて、人々の推測する雄牛の重量は正確ではない。しかし重要なのは、その数字が自然と正確な重量の周辺に分布していること——真実を取り囲んでいるということだ。この場合、真実の両側にある誤差は互いに打ち消し合うので、人間体温計グループの推測値の平均は正確な数値に近づく。

これは魔法でもなければ知恵でもない。数学である。ただ、この原理は特定の状況下でしか働かないという問題がある。最初に満たされなければならない条件は、独立性だ——群衆を構成する人々の意見は互いに独立していなければならない。しかし本当にそうなのだろうか?

わが道を行くことの難しさ

ロバートは大手出版社の編集長だ。毎朝出社した彼を出迎えるのは、机の上に山と積まれた原稿である。作家の卵が送ってきたその原稿の山をより分けて、未来のヘミングウェイを探し出すのがロバートの任務だ。これは用心のいる仕事だ。金の卵を発掘したと熱く断言しても、出版後には誰も金のオムレツに興味を示さないこともあるし、そうかと思えば、最終的には国際的なベストセラーになる原稿を見逃すこともある。出版業界で働く他の皆と同じように、ロバートもJ・K・ローリングの原稿が何度も却下されたことをよく知っており、それは緊急時の警告のように彼につきまとっていた。

ロバートは独断で決定を下しているわけではない。七人の社員がチームになって、それぞれが自分の意見を出し合っている。今朝彼は、これはと思う候補作品を見つけた。人間の行動に関する興味深いノンフィクションの企画書だ。ロバートはこの企画を買い取るとともに、前払金の金額を決定したかった。明確な額を出すことが重要だ。他の出版社からオファーがあった際に競り落とすことができ、それでいて利益を上げられる数字を算定しなければならない。

彼はチームのメンバーにメールで企画書を送り、それについて話し合うため会議を設定した。若手編集者のジル、マーケティング担当のサミー、経理責任者のタムロンなど、チーム全員の意見が聞きたかったのだ。いつもなら会議室に入ると、企画について手短に話し、なぜその原稿に可能性を感じるのかを説明して、皆の意見を聞き出すのだが、この企画を読んだ彼の心には変化が生じていた。今日のロバートは、スタッフが待つ部屋に入ると、普段とは違う提案をした。「一人ずつ紙を用意して、この原稿に自分ならいくら提示するかを書いてほしい」。メンバーはこれに従い、メモ帳に答えを書き留める。それが終わってから初めて、各自に自分が書いた数字とその根拠を発表させた。

ロバートは、複数の人間体温計からなるチームが賢くなるのは、互いに独立した状態で個々の判断が下される場合に限ることを知っていた。もしも会議室にいる一人ひとりの意見を聞いて回ったなら（非常によくある戦略だが）、メンバーは他の人たちの意見を知り、その情報は自分で判断を下すときのバイアスとなってしまうだろう。仮に最初の一人が立ち上がって猛烈に企画を支持したなら、残りの人たちはそれを聞く前には確信がなかったとしても、同じように企画を支持する可能性が高くなる。一人目の答えがたまたま正しければ問題ないが、そうでなければこの戦略は失敗するかもしれない。幼いアリス・ニュートンが会議室にすわっていたとしたらどうだろう？　ローリングの原稿に敏腕編集者たちが異議を唱え、「ハリー・ポッター却下！」と声を揃えるのを聞いていたら？　アリスが何か違うことを言って、ハリーのために立ち上がる見込みはどれくらいあるだろう？　自分の直感を信じ続けることができる可能性は？　とても低いはずだ。たとえアリスが他のメンバーと対等な大人だったとしても、私が同僚と行った研究によれば、完全な意見の一致を前にしたときに違った見解を表明できる個人は、三〇％しかいないことがわかっている(6)。

とはいえ、真の独立を貫くのは不可能に等しい。スタッフ会議の前に、ジルとサミーとタムロンは、給湯室でコーヒーとクリームドーナツを手に企画について話し合っているかもしれない。すると本の利益を予測するときのジルの誤差は、もはやサミーやタムロンの誤差と無関係ではなくなる。なぜなら、もしもサミーがこの本はベストセラーになりそうだと発言すれば、もともと本の売り上げを過小評価していたタムロンは、カリスマ性のあるサミーの方へ考えを傾けるかもしれない。彼らの誤差はすでに互いを相殺せず、もはや真実を取り囲んではいない。

群衆のマジックを使いたければ、あなたのチームや社会ネットワークを構成する人々の信念がどの程度自立しているか、自問してみる必要がある。もしもチームのメンバーが意見を言い合う前に交流する機会があったなら、彼らの独立性はなくなっている。

フェイスブックについて考えてみよう。たとえば金曜日の夜、あなたは映画館へ行こうと思っているが、何が観たいかはっきりしない。そこでフェイスブックの友達にアドバイスを求めると、コメントをくれた一〇人のうち七人が「博士と彼女のセオリー」を提案した。七人は、あなたの投稿を見てすぐに「博士と彼女のセオリー」を思い浮かべるほど、この映画が好きだったのだろうか？　そうかもしれない。でも違う可能性も考えられる――友達の一人があなたへの返信でこの映画を薦めると、次の人たちもその方向に傾いてしまった。そのようにして数名が映画を薦めたら、それがあまり好みではない友達も、そうは言えなくなった。それだけでなく、他の人の気分を損ねたり悪目立ちしたりしないように、別の映画を薦めるのを避けたのかもしれない。

体温計とは違って、私たちは社会的な生き物だ。互いに影響し合うよう初期設定されている。社会と人間は強く結びついているため、独立した意見を個人から引き出すのは不可能なことも多い。しかし、相互依存を減らすように仕向けることもできる。想像してみよう。採用の責任者であるあなたは、同僚四人に面接官をお願いする。このときあなたがしなくてはならないのは、彼らが他の人と意見を交わす前に評価を送ってもらい、独立性を高めることだ。そうしなければ、たくさんの意見を集めても賢い選択ができるとは限らない。賢い選択ができなかったとしても、相互依存のうえに下した決断は、人々の自信をいっそう深める。[7] 彼らは心の中で思うだろう。「よし、全員が同意しているんだから、この本は大当たりするに決まってる」。そうなのかもしれない。でもひょっとしたら、社会的影響のおかげで意見が一致しただけなのかもしれない。

個人の中の賢い群衆

パラレルワールドを覗いてみよう。一九〇七年の食肉用家畜家禽見本市が開かれた当日、プリマスでは暴風雨が吹き荒れていた。とはいえさすがイギリス、実行委員会はそれでも見本市を続行する判断をした。「雨ですか？　よろしい、続けましょう」。動物を風雨から守るようテントが設営され、来場者に無料でふるまうための温かいスープが用意された。ところが、そうした健気な尽力も虚しく、嵐をものともせずに見本市を訪れたのは、ジェイコブ・ワイズマンという農夫ただ一人だった。しかしここでも主催者側は動じなかった。「問題ありません。勇気あるこのお方に、一人で雄牛の重量を当てていただきましょう」。頼るべき群衆の知恵なしに、農夫ワイズマンはどう対処するだろう？

この問題を解決するため、読者にも想像してほしい。勇敢な農夫ワイズマンは、子供のおでこにかざして測る非接触タイプのデジタル体温計で、あなたは娘の献身的なベビーシッター、リズベスだ。あなたの任務は、農夫ワイズマンを使って正確に娘の熱を測ることである。さて、どうすべきか？

まずあなたにできるのは、ワイズマンを娘のおでこにかざして熱を測ることだ。その後同じことを何度も繰り返して結果を平均すると、最も正確な数値に近づく。というのも、ワイズマンの測定にはノイズが生じているからだ。ノイズと言っても耳障りな音のことではない。各測定に反映される正しい体温以外の「無関係な要因」のことである。たとえば、娘は最初に熱を測る直前に温かいミルクを飲み、それによって体温が上がったかもしれない。二回目に測るときには体温計を十分な時間かざさなかったので、数値が下がったかもしれない。測定のたび、様々な要素が何らかの形で結果を歪め、それによって誤差が生じる。一つの道具で何度も測った平均の方が、一度の測定よりも結局はましなのだ。

適切な条件下において集団が賢くなるための簡単なルールや戦略は、一個人の心にも当てはまる。ワイズマンは雄牛の重さを当てるために、「心の中の賢い群衆」を呼び覚まさなくてはならない。多重人格だという意味ではなく、彼はたくさんの記憶や物の見方や信念をもっている。彼の中には熱心な農夫たちが生き生きと集団を形作っており、同じ質問を自分自身に繰り返し問うことで、それをうまく活用することができるのだ。

個人の心の中にいる賢い群衆を利用するという概念は、心理学者のエドワード・ヴルとハロルド・パシュラーによって示された(8)。ヴルとパシュラーはオンライン実験を行い、四二八人に次のトリビアルな質問をした（あなたも答えを紙に書き留めてみるといい）。

1　アメリカ合衆国の面積は、太平洋の面積の何％か？

2　中国、インド、ＥＵ諸国の人口を合わせると、世界人口の何％になるか？
3　世界の空港の何％がアメリカにあるか？
4　世界の道路の何％がインドにあるか？
5　アメリカよりも出生率が高い国は世界の何％か？
6　中国、アメリカ、ＥＵ諸国の電話回線を合わせると、世界の何％か？
7　サウジアラビアは自国で算出した石油の何％を消費しているか？
8　アメリカよりも平均寿命が長い国は世界の何％か？

数分後、もしくは三週間後、同じ参加者にまったく同じ問題を解いてもらった（あなたも二度目の答えを新しい紙に書いてみよう）。終わったら、各回答の総合誤差を算出し、一度目と二度目それぞれの誤差の平均を出す。さらに一度目と二度目の総合誤差を平均すると、概してどちらか一方の回だけの総合誤差よりも小さいことを、ヴルとパシュラーは見出した（注・問題の回答と、平均総合誤差を算出する方法を本章の終わりに掲載したので、参考にしていただきたい。両方の平均がいつも正解に近いとは限らず、一度目の推定の方が真実に近いときもあれば、二度目の方が的を射ているときもあるだろう。しかしたいていの場合、両方を平均したときの方が誤差は小さい）。そして、さらに三週間待ってから再び問題に答えると、その効果はなお顕著になっていた。

つまり編集長のロバートが、仕事上で本の成功を予測するときのミスを最小限に抑えたかったら、自分が提示する額をメモして寝かせておくのが最も賢明な方法なのである。その後一日、もしくは一週間たったら再び新しい額をメモして、新旧の平均を取る。彼が提供すべきはその数字だ。もちろん、決定までに数週間どころか、二四時間すら待てない状況もあるだろう。ロバートはいますぐ先方に連絡しなくてはならないかもしれない。そんな場合も、短い時間差で二つの予測を立てて組み合わせるのは、有効な手段となる。

なぜこれが功を奏するのか？　その答えはまたしても簡単な戦略に基づいている。同じ質問を、できれば日を置いて何度か自問しその平均を取るべきなのは、人は決断を下すとき、手に入る情報をすべて利用していないからだ。このように考えてみよう。ロバートは出版業界についての知識を豊富に持ち合わせている。ベストセラーと失敗作の歴史的流れにも通じているし、過去に自分が下した良い判断も悪い判断も思い出すことができる。また、自分の期待が実現したときとしなかったときの理由を理解し、読者やトレンドや競合相手について心得ている。そして、意思決定の際にはこうした知識を活用している。

しかし——この「しかし」が大変重要なのだが——脳に蓄えたこれらの情報を、一つ残らず思い出して用いるのは無理な話だ。すぐに取り出せる情報もあれば、そうでないものもある。その選別はある程度ランダムだが、ロバートがその日たまたま経験したことに影響されているかもしれない。つまり、ロバートが最初にその問題を検討したとき、いくつかの事実が心に浮かんで彼の決断に組み込まれる。再び問題を考慮したとき、同じ事実のいくつかは利用され、いくつかは使われないが、さらに新しい事実が参入してくることもある。ゆえに、二度目の推測は一度目とはわずかに違ってくる――彼が別の情報サンプルを取り出したからだ。両方の予測を合体させたら、より多くのデータに基づいた判断ができているはずだ。

ヴルとパシュラーは、あなたが同じ質問に二度答えた場合、それらを平均した回答は一度目よりも平均して六・五%正確さが増すことを発見した。さらに三週間置いた場合、正確さは約一六・五%上昇した。これは劇的な進歩である。三週間たてば新鮮な気持ちになり、数週間前に考えたことはあまり覚えていない。だから新たに問題を解くとき、別の理由も思い浮かべやすくなるのだろう（注・論文著者は、参加者が二度のテストのあいだに答えを調べていないことを確認している）。二度の判断が互いの影響をまったく受けないことはあり得ないが、三週間越しの決断は、数日越しの決断よりも独立性をもっている。だとしたら、ロバートはチームを解散して、自分一人で何度も採決を行うべきだろうか？　いや、そうではない。少なくともヴルとパシュラーが出題したタイプの質問に関して言えば、同一人物が出した意見の平均は、二人の人間が答えた意見の平均に比べると、最高でも三分の一の出来ばえでしかないことがわかっている。

雪だるま式に膨らむバイアス

ロバートは賢明にもチームを解散せず、選択の際にメンバーの意見を求めた。しかしいったん独立

図 12 肥えた雄牛が痩せた雄牛の隣に立つとますます太って見える。このような認知バイアスを皆が持ち合わせているので、群衆の平均推定は雄牛の本当の重量よりも大きくなる。

した意見が集まったら、それをどのようにまとめて決断までもっていけばいいのだろう？　古典的な雄牛の論文とは違い、ただ票を集計して中間を取ったり、平均的な意見を求めたりすることは、必ずしも最適な解決策にはならない(9)。私たちはすでにハリー・ポッターやマーロン・ジェイムズの例を目の当たりにしてきたはずだ。問題は相互依存の可能性だけではない。その判断に系統的なバイアスが存在しているかどうかだ。

たとえば、もしも肥えた雄牛が痩せた雄牛の隣にいたら、ほとんどの人が体重を実際よりも多めに見積もってしまうだろう（図12）。これは、人間の脳がすべてを相対的にとらえるからで、痩せた雄牛の隣にいる太った雄牛は、さらに大きく見えてしまうからだ。この場合、誤差は雄牛の正しい体重周辺に散らばるのではなく、ある一つの方向に向かっていく。だから、人々の判断にバイアスがかかっていたり、系統的な誤差があったり、相互依存が行われたりしていると信じる理由が十分にある状況では、いわゆる群衆の知恵には慎重にならなくてはいけない（このような場合も、「心の中の賢い群衆」の原理――一人が複数の推測を行う手段――は有効ではない）。

大多数が誤って同じ方向へ進む例はいくらでもある。将来を予測するときの誤差もそうだ。人間は楽観的すぎるきらいがあり、たとえばプロジェクトの完成までにかかるお金と時間は、たいてい控えめに見積もられる。[10]この傾向はトリビアクイズにまで及ぶ。ブラジルの首都はどこかと聞かれたら、実際はブラジリアなのに、多くの人がリオデジャネイロと答える。またこのような思い違いは、錯覚すら引き起こすことがある。人間の脳はたくさんの系統的バイアスを作り出している。多くの人の脳は同じように配線されているため、誰もが同じ場所でつまずきやすい。そんなときは当然、意見を平均化したり票を数えたりしても意味がない。

事実、集団内でバイアスが拡大し、雪だるま式に巨大になる危険性もある。それがどのようにして起こるか、興味深い例を見てみよう。

次頁のデータは、一五人のＣＥＯ（最高経営責任者）の「用心深さ」という性格特性と、ＣＥＯが経営する企業の年間利益の関連性を表したものである。用心深さはドレーラー・インターナショナル・ウォッチフルネス・スケール（ＤＩＷＳ）を使って測定しており、マイナス二〇点から二〇点までのスコアがつく。

では、このデータを使ってあなたに予想してもらいたい。ＤＩＷＳスコアがそれぞれ一〇点、〇点、一九点、マイナス一七点、マイナス一点だった五人のＣＥＯの、企業の年間利益はいくらだろう？

CEOのDIWSスコア	年間利益（100万ドル）
4	6
5	15
−6	26
7	39
3	−1
12	134
15	215
20	474
8	54
6	26
−8	54
12	134
18	314
−3	−1
−10	90

あなたが普通の人と同じ感覚をもっていたなら、ＣＥＯのＤＩＷＳスコアが高いほど企業の年間利益も高くなるという関係を、実際以上に反映した数字を予測するのではないだろうか。人間が二つの変数――トマトの大きさと甘さの関係や、オフィスの温度と同僚同士のコミュニケーション頻度の関係など――からそのつながりを推測するとき、そこにはバイアスが生まれる。実際にはない正の相関を見出すのだ。[11]つまり、ある要素が増せば（たとえばトマトのサイズが大きくなったら）、もう一つの要素（トマトの甘さ）も同じような比率で増すというふうに結論づけてしまう。

なるほど、人間がどんな場合でも正の相関を見出す傾向にあることはわかった。だが興味深いのはここからだ。あなたが人材コンサルタントで、ＣＥＯとして誰を採用するか企

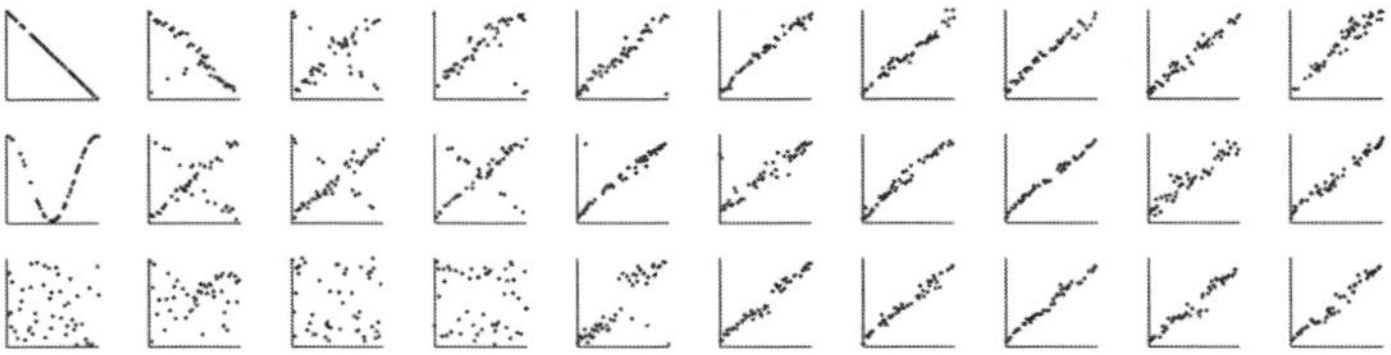

図13　膨らむバイアス。各段左端のデータは最初の実験参加者に見せたもの。その隣は次の代の参加者が、前の代のデータを参考に作り出している。各段とも、1つ目のデータが9つの代に伝わる経緯を表す。これらのパターンを見ると、最初のデータがどんなものでも、人は正の相関関係を見出す傾向にあることがわかる。[14]

業にアドバイスしているとしよう。各候補者の指揮下でどれだけの年間利益が見込まれるかを予測するために、あなたは用心深さのスコアを利用した。そして、バイアスのかかったその予測を上司に報告する。上司はあなたの報告を聞いて、CEOの用心深さの点数が高いほど企業にもたらす利益も高くなるだろうと判断し、別の会社にコンサルタントを送り込むときにも、この新しい予測ルールを適用するようになる。企業の利益とCEOのDIWSスコアのあいだにまったく関連性がなかったとしても、データと知識が四人以上に伝わるころには、人間に備わったこのバイアスが真実に打ち勝ってしまう。[12]

ところで、何をもって人を「用心深い」とするのか、私にはわからない——この特性は私がでっち上げたもので、DIWSなるものは存在しない。

こうした実験が研究室でも行われている。[13] それによって明らかになったのは、二つの変数が負の相関関係をもってしていたり（一方が上昇するにつれてもう一方が下降する）、正の相関関係が成り立たなかったり（一方が上昇しても、もう一方はそれに応じて上下しない）するときでも、十分な人数に伝わったあとでは、正の相関関係の構築が見られるということだ。どんなに小さな心のバイアスでも、人間を介するたびに雪だるま式に大きく強力になっていくのがわかるだろう。

人間の脳に不可欠な二つの現象による産物が、あまり賢くない群衆を生み出すことがある。一つ目は脳が無意識のバイアスを引き起こしてしまう傾向で、十分な科学的根拠のある現象だ。人間の脳は偉大な進化を遂げてきたが、認知バイアスから意思決定や予測における誤差まで、まだ無数のバイアスを保ち続けている。

二つ目は、社会的学習に傾く現象である。人間が正しい答えを知る手がかりや情報を他人に求めるよう生まれついていて、手本にされる人も例に漏れずバイアスを備え持っていたら、人が集まる場所には時として偽りが増殖し、泡のように膨張して、いつしか崩壊することは免れないだろう。こうした雪だるま式に膨らむバイアスは、金融市場やオンライン上のネットワークといった大きな集団に限られたものではない。友人や家庭内（兄弟で長年共通した偽りの記憶をもっている）、ビジネスパートナー（熱い者同士が出会うと楽観的な展望に歯止めがきかない）、そして文化的集団（自分たちのグループが本質的に優れていると思い込む）などのあいだでも、誤った信念が築かれ拡大していく。

平等バイアスにご用心

ゆえに多数意見に依存しすぎると、最適ではない選択、おかしな信念、好機の逸失につながっていく。ある特定の時代や場所で、一度は大多数の人々に受け入れられたアイデアが、いまでは間違いだったと見なされている例はいくらでもある――たとえば女性に学歴は必要ない、地球は平らである、といった考え方だ。

それでも多数派に従ってしまうのが、人間の本能だ。このとき意思決定に使われるのが「ヒューリスティック」という方法で、素早く単純で直感的なこの方法は「思考の近道」とも呼ばれる。ヒューリスティックは役に立つこともあるが、判断を鈍らせることもある。ユニバーシティ・カレッジ・ロンドンで集団の意思決定について研究している同僚のバハドル・バーラミは、この傾向を「平等バイアス」と呼ぶ。私たちは決断を迫られると、各個人の信頼性や専門技術を無視して、全員の意見を平等に扱うという容易な戦略に立ち戻ることがよくある。これは、アメリカやデンマークなど、何世代にもわたって民主主義が基準となってきた国々に限られたことではない。バーラミらが中国人とイラク人を対象に調査したところ、意思決定に使われていたのはそこでもやはり、人気のある方を選ぶという大ざっぱな方法だった。

ところが多くの場合、人間は技術や知識の面で単純に同じではない。医療上の決定をしなくてはならないとき、善意から出た叔父の意見よりも、ジョンズ・ホプキンズ大学で医学学位を取得した医師

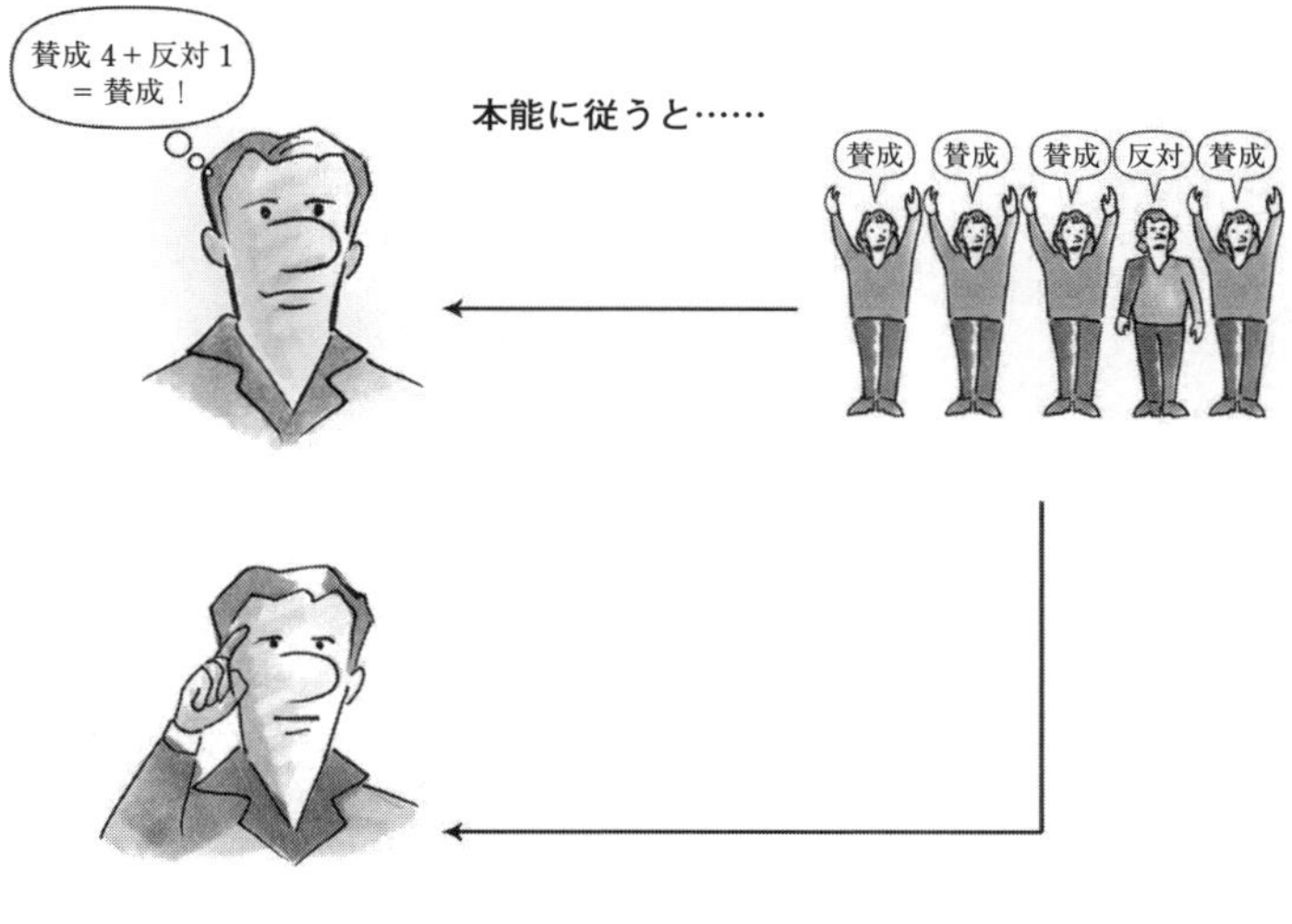

図14 他人。平等バイアスに注意——そのテーマの専門性に照らして人の意見を検討する。 私たちは直感的に多数決を好むが、多数の人々が間違っていることもある。全員の意見を平等に考慮する代わりに、集団内で誰がその問題に長けているかを見極める情報に留意しよう。もしかしたらそれは、8歳の少女かもしれない。

の意見を重視する方が妥当だと言える。もちろん、あなたの親切な叔父も一流大学で医学学位を取ったなら話は別だ。その場合は、両者の意見を等しく検討するのがおそらく理に適っているだろう。

それにもかかわらず、その空間の中で誰が専門家なのかを見極めるのに役立つ情報が無視されがちだということを、バーラミは発見した。代わりに人々は、全員の意見を等しく評価したがった。その方が正しく思えるし、認知的な努力をあまり必要としないからだ。しかしこの傾向には代償がある。専門家の助言に従わず、すべての人の意見を等しく取り入れたことで、バーラミの実験参加者は多数の判断ミスを犯した[15]。

ここまで読み進めてため息が出たかもしれない。特にオンライン上で、私たちは頻繁に個人の意見にさらされる。しかしほとんどの人は正体不明で、そこから身元を解き明かしたり、専門家を抽出したりするのは不可能に近い。とはいえ、多数の人々の意見に現在アクセスしていることがまったくの無駄だったとしたら、私たちは唖然としてしまうだろう。でも私は、それらの情報源をやみくもにではなく慎重に用いることが重要なポイントだと信じている。干し草の山のような集団から、知恵を特定する方法はあるのだろうか？

びっくりするほど人気の票

次の問いに答えよ。

1　ペンシルベニア州の州都はどこ？

2　五台の機械を使って五分間で五個の製品が作れるとしたら、一〇〇台の機械を使って一〇〇個の製品を作るには何分かかる？

3　湖にスイレンの葉が浮かんでいる。スイレンは毎日二倍に増える。湖全体をスイレンが覆い尽くすまで四八日間かかるとしたら、湖の半分を覆うには何日かかる？

答えを読む前に、もう一度考えてみてほしい。ただ今回は「たいていの人はこの問題にこう答えるだろう」と思う答えを出してみよう。

大多数はこのように答える。ペンシルベニア州の州都はフィラデルフィア。一〇〇台の機械を使って一〇〇個の製品を作るには一〇〇分かかる。スイレンの葉が湖の半分を覆うのに必要な日数は二四日間。以上は約八三％の人が答える直感的回答だ。すべて不正解である。

正解はこちら。ペンシルベニア州の州都はハリスバーグ。一〇〇台の機械を使って一〇〇個の製品を作るには五分かかる（五台の機械で五個の製品を作るのに五分かかるということは、一台の機械で一個を作るのに五分かかるということ。だから、一〇〇台で一〇〇個作るときにも同じだけの時間がかかる）。スイレンの葉が湖の半分を覆うのにかかる日数は四七日間（四八日目にスイレンが二倍になって湖全体を覆い尽くす）。

私がまだ答えを明かしていなくて、あなたもまだ答えを見つけ出せないでいるとしたら、いま頃どのような方法で問題を解いていただろう？　どうしたら正しい答えを導き出せただろうか？　多数意見に従えば不正解になることは明らかである。二番と三番の問題に関して言えば、数字に強い友人、たとえば金融業界で働く人やエンジニアに聞けばわかると思うかもしれない。ただ、そうそううまくいかないのは、数学や統計を生活の中で利用している人でも、この種の問題で正解するとは限らないところだ。イェール大学のシェーン・フレデリック教授が、金融専門家六〇〇人に同様の問題を出した結果、全問正解したのはたった四〇%にすぎなかった。[16] 世界でも有数の優れた技術的頭脳を包含する集団、マサチューセッツ工科大学（ＭＩＴ）の学生たちですら、半数が誤った答えを出した。そのうちのほとんどは、いったん立ち止まって注意深く考えれば正解することができたと私は考える。それなのに、半分の生徒が直感に急かされてしまったのだ。

ジョン・マッコイは、問題に正解したＭＩＴの学生の一人だ。ところが正しい答えを出したにもかかわらず、彼は問題をきちんと読むことすらしなかった。代わりに彼が利用したのは、「びっくりするほど人気の票」という方法だ。このテクニックがあれば、誰でも集団の力を借りて真実を見つけることができる。ジョンは、彼の師であるドラーゼン・プレレックとともにこの方法を開発した。それは次のようなものである。[17]

まずジョンは全員の答えを集計する。製品の問題を例に考えてみよう。この問いでは、調査対象の八〇%が「一〇〇分」かかると答え（不正解）、二〇%が「五分」と答えた（正解）。人気の（そして不正解の）票に従う代わりに彼は、「他の回答者は何と答えると思うか」という質問の答えを集計する。正解を知っていてもいなくても、ほとんどの人は、回答者の大多数が「一〇〇台の機械を使って一〇〇個の製品を作るには一〇〇分かかる」と答えるだろうと予測していた。そこで仮に、約九六%の人々が「回答者のほとんどが一〇〇分と答える」と考え、残りの四%が「五分と答える」と考えたとしよう。最後にジョンは、人々が期待していた以上に人気だった答えを突き止める。この場合は「五分」

た人は二〇％に上ったからだ。この答えは、予測を超えてびっくりするほど人気の票を得ていた。

ジョンとドラーゼンは、この手法がひっかけ問題だけでなく、「サウスカロライナ州の州都はどこか」など、大多数が正解するような問題にも機能することを明らかにした。それだけでなく、チェスで最善の手を特定するときや、医療診断や芸術上の評価を施すとき、そして政治や経済の動きを予測するときにも効果があるようだ。彼らの実験によると、これらの問題が最も適切な回答を得たのは、集団が「びっくりするほど人気の票」の法則を用いたときだった。

この手法が目的としているのは、集団内部の知恵を見出すことだ。ただしそのためには、少なくとも集団の中の一人は真実を知っていなければならない（びっくりするほどの人気でもそうでなくても、正しい票が一つもなければ始まらない）。とはいえ、集団に専門性を求める必要はない――初心者で十分なのだ。あなたは数学の問題を解くときMITの学生に助けを求めるかもしれないが、芸術について意見を聞こうとはあまり思わないだろう。ところがジョンが「びっくりするほど人気の票」を用いると、MITの学生は芸術作品の市場価格を見極める問題で、画廊のオーナーたちと同じ良い成績をおさめた。概して学生たちの回答は的外れだったが、「びっくりするほど人気の票」は的を射ていたのだ。

＊　＊　＊

他人の意見を手本にしたり、まとめたり、引き出そうとするとき、まず立ち止まることを忘れてはいけない。私たちは、人々の意見が相互依存やバイアスに侵されている可能性を見積もり、それに従ってどこに重きを置くかを考えることが必要なのだ。ある意味、集団は知恵を含んでいる。しかしその知恵が少数の人に握られていることは珍しくない——マーロン・ジェイムズの原稿を評価した七九番目の編集者、ハリー・ポッターを読んだ八歳の少女、巧妙な数学の問題すべてに正解した一七%の実験参加者たち。ネット上か現実かにかかわらず、またそれが私生活における選択をするときでも、何かを購入するときでも、職業上の判断に達するときでも、情報を集めるときにはいつも注意が必要だ。あなたは直感的に、多数意見へ目を向けるかもしれない。しかし評価とレビューに満ち溢れたこの世界で、多数意見を集計し平均化することは、最適ではない答えを導くことにつながりかねないからだ。

ヴルとパシュラーの問題の答え

①6・3　②44・4　③30・3
④10・5　⑤58　⑥72・4
⑦18・9　⑧20・3

平均総合誤差の算出方法

右に挙げた八問の正しい答えから、あなたの一度目の回答を一問ずつ引き算する。そこで出た開きが、各問題に対するあなたの誤差になる。次にその誤差を二乗すると（これでマイナスがなくなる）、誤差の方向ではなく絶対誤差が示される。二乗したすべての誤差を足して8で割り、平均を出す（これが一度目の回答の平均二乗誤差）。まったく同じ手順で、二度目の回答の誤差を平均する（二度目の回答の平均二乗誤差が出る）。最後に、各問題の一度目と二度目の回答を足して2で割り、平均値を出す。これまでと同じ方法で、全八問の平均二乗誤差を算出する。その数字（つまり誤差）は、一度目の回答の平均二乗誤差より小さいだろうか？　また二度目と比べるとどうだろう？

9　影響力の未来

現代の私たちと同じように、最初期の人類もまた社会的な生き物だった。彼らはともに暮らし、ともに移動し、必然的に影響を与え合った。言語はまだ発達していなかったが、顔の表情、触れ合い、発声を通して、恐怖や興奮や愛情を伝え合うことができた。近くに捕食者がいれば、突如叫び声を上げて危険を表し、仲間に逃げろという合図を送ることができただろうし、人と接する喜びは笑いとして表され、周囲の人々を引きつけただろう。

やがて私たちの祖先は言葉を発するようになったが、それが正確にいつ始まったのかは定かでない。書き言葉と違って、話し言葉には物質的な痕跡がないからだ。言語が最初に現れたのは、初期人類が道具を発明するようになった一七五万年前から[1]、現代的な人類が出現した五万年前[2]のあいだだと、専門家は推定している。言葉を使うことによって、意見や信念や願望を共有する能力は爆発的に高まった。先の年代推定が正しければ、私たちの祖先は、アフリカを出て世界の他の地へ分け入るべきかどうか話し合ったことだろう。もしかしたらケネディ大統領のような人物に、現在の環境から「飛び立とう」と説得されたかもしれない。

やがて文字が誕生した。書き言葉（数字は除く）が現れたのは、およそ五二〇〇年前である。[3] ここで再び、人間の知識を伝える能力は新たなレベルに達した。アイデアを共有するのに、時間や場所を指定して相手と直接交流する必要はもはやなくなったのだ。いまやあなたは決して会うことのない人たち――あなたの死後に生まれた人やはるか彼方で生活している人――にも影響を与えることができる。実のところ、今日人間の信念（または信仰）に最も影響を与えている情報源は、二〇〇〇年以上前に書かれた散文の数々なのだ。

文字のあとに続いたのが印刷技術だ。この技術的発展は一四四〇年前後に見られ、結果として世界中の人々に意見を伝えることが可能になった。[4] 二〇世紀が幕を開けると、印刷技術に続いてラジオが台頭した。[5] 遠くにいる人に瞬時に会話やスピーチを届ける技術は、ラジオによって導入された。続いて一九二七年頃に姿を現したのがテレビである。[6] テレビは、一九五〇年代まで一般大衆に手が届く代物ではなかったが、[7] この進歩により、声だけでなく画像や表情までも共有できるようになった。多くの人はこれらの技術が提供する情報を受け取る側におり、自分のアイデアを伝える機会に恵まれたのは、ほんのひと握りの人たちだった。

その後一九九〇年頃から急成長したのが、インターネットだ。[8] ワールドワイドウェブは、誰もが自由に情報を共有し、他人に影響を与え感化する機会を作った。私たちは文字や画像や音声を用いて、自分の意見を世界中に発信できるようになったのだ。

技術発展が加速し、環境が急速に変化したこの数千年で、あまり変わらない存在が一つある。テクノロジーの目標ともなったその存在は、「人間の脳」だ。進化は技術発展よりもゆっくりと進み、文字が最初に出現して以来、脳の基本的な組織に著しい変化は見られない。(9) 確かに、はるか昔を振り返り、現代人の脳を最初期の人類の脳と比べてみたら、とりわけ前頭葉にいくつかの重要な変化は認められる。(10) しかし、たとえそれら最初期の人類であっても、私たちの脳とは違いよりも共通点の方が多い。彼らの信念や行動を形作っていた欲望、意志、恐れは、現代を生きる私たちをも方向づけているし、他人の心に影響を与えるときの生物学的な基本原理は、いまでも色濃く残っている。

二つの脳をつなぐワイヤ

音を出したり、動いたり、文字を打ったりするとき、あなたが発するその信号は、他人の脳によって感知される。つまり、聴覚や視覚や触覚を通じて、自分の脳と他人の脳が結びつくのだ。あなたが口に出したすべての言葉は、脳内の電気信号が最終的に音声に変換されたものである。それが他人の耳に感知されると、その人の脳内で電気信号に変わり、言葉や文章やアイデアとして解釈される。(11) いまあなたが読んでいるのは、私が文字を通じて伝達しようとしているアイデアだ。では、最初に環境を変化させることなく、互いの脳と脳を直接結びつけることはできるだろうか？　私が最初に言葉を書いたり音を出したりしなくても、私の脳内の電気信号があなたの脳内の電気信号に変換されて、あなたの行動や思考を変えることは可能なのだろうか？　答えがイエスなら、最も簡単な影響の形は、誰かの脳のニューロン発火が別の脳のニューロン発火を変えることだと言えるかもしれない。

ここ数年、神経科学者たちが次々と証明しているのは、二つの脳を物理的に接続すると、一つの脳が作り出した電気信号から、もう一つの脳が直接学ぶことができるという事実である。つい最近まで、それはSFの世界だった——ワイヤがバチバチと音を立てながら、脳から脳へ知識を伝えていく。しかしこれはいま、世界中の一流と言われる大学の実験室で、実際に起こっていることなのだ。

そうした興味深い実験について説明する前に、はっきりさせておかなければならないことがある。少なくとも、ジョン・F・ケネディがかの有名な演説を行った時点では人類の月面着陸はまだ先だったように、二つの脳のあいだで抽象的な概念を直接伝達できるようになるまでにはまだ乗り越えるべき問題が山積している。しかし科学者のなかには、私たちはすでにスプートニクの段階にいて、実現に向けた最初の一歩を踏み出していると信じる者もいる。では、言葉や身ぶりを使わず、脳から脳へ直接信号を送る研究の最初の一歩を見てみることにしよう。

まずは、二匹のラットの脳をつなぐ簡単な信号送信から紹介する。研究室のラットは、砂糖水やチーズなどのご褒美をもらうためによく働く。一匹のラットがご褒美をもらえる方法を見出したら、ほかのラットはそれを見て同じ方法を習得するだろう。そうした知識を、ラットの脳から脳へ直接伝える

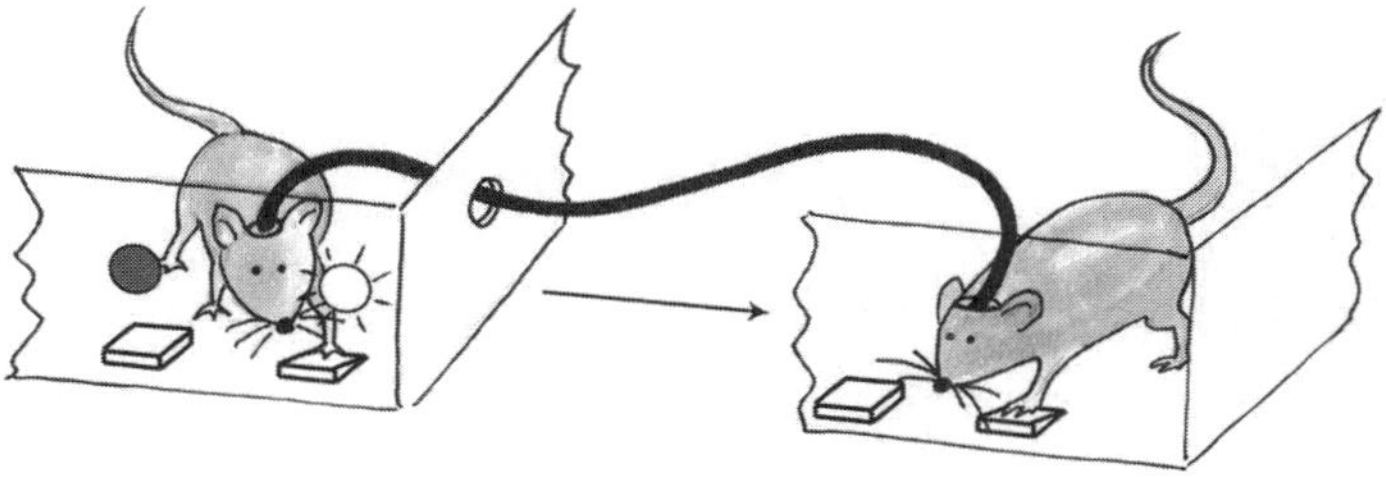

図 15　ラットのアインシュタインは、脳から脳へ直接信号を送ることで、ホメロスに影響を与える。結果としてホメロスは、よりたくさんの報酬を得る方法をアインシュタインから学ぶ。

ことは可能なのか？

どうやらそれが可能らしいのだ。デューク大学の実験室では、一匹のラット（アインシュタインと呼ぼう）に訓練を施して、緑のライトが光ったら右側のボタンを押し、赤いライトが光ったら左側のボタンを押すという比較的単純なルールに従うと、水がもらえることを覚えさせた。さすが一流大学に所属するラットだけあって、アインシュタインは素早く習得する。次に、アインシュタインの脳に電極を挿入し、電気信号を記録できるようにした。その電極はまずはコンピュータに、さらにそこから別のラット（ホメロスと呼ぼう）の脳につながれて、それにより信号が送信可能になる。ホメロスも、水をもらうためには的確なタイミングで右か左のボタンを押さなくてはならない。ただしアインシュタインと違うのは、赤や緑のライトが見えない点だ。入手できる唯一の情報は、アインシュタインから脳に直接送られる電気信号のみで、ホメロスはそれを解析して答えを見つけ出さなくてはならない。

ホメロスは少し時間がかかったが、ゲームを始めてから四五時間後（あいだに何度も休憩をはさんだ）、ついにその瞬間が訪れた。「よし、ひらめいたぞ！」。その後は一〇回に七回の割合で成功を収め、新鮮な冷たい水のご褒美を得られるようになった。[12] 生徒が成績を伸ばしたら先生が特別手当をもらえるように、ホメロスが正解するたびアインシュタインにもボーナスのご褒美が与えられる。これが動機づけになって、アインシュタインはもっと明確な信号を送ろうとした。さらに確信を深めたかったデューク大学の研究チームは、二匹が別の大陸にいてもインターネットを経由して信号の送受信ができることを証明した。アインシュタインがノースカロライナ州でボタンを押すと、ブラジルにいるホメロスが電気信号を受け取ることができたのだ。[13]

アインシュタインはホメロスに影響を与えたが、ホメロスはアインシュタインの姿を一瞥することもなく、アインシュタインが発する音声を聞くことすらなかった。ある脳におけるニューロン発火が、別の脳におけるニューロン発火を引き起こすという必要最小限のプロセスによって、他者の反応を引き出すようなコミュニケーションが成立し、行動に変化が現れたのだ。

私の思いがあなたを動かす

ラットの脳から脳へ直接信号を送れたことは重要な一歩となったが、究極の目標はあくまで人間と人間のあいだでそれを行うことだ。しかし人間が加わることで、様々な問題も持ち上がる。なかでも無視できないのは、人間の頭蓋骨を開いて電極を埋め込むことに対する是非だ。たとえ喜んで志願し

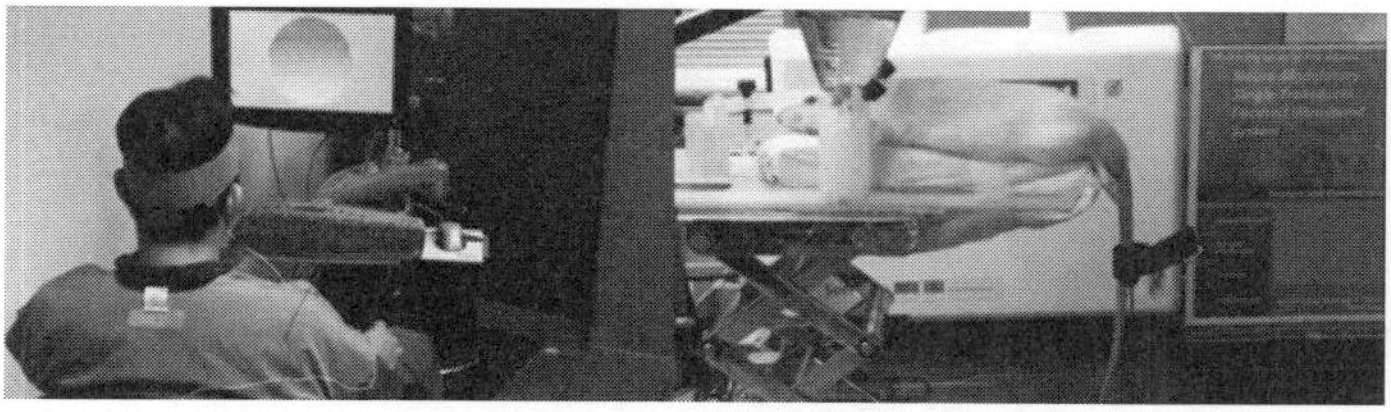

図 16　人間の脳がラットの尻尾を動かす。[15]

てくれる人がいても、倫理審査委員会のような組織がそれを容認する可能性は低いだろう。

二〇一四年の夏、一人の神経学者が、許可を待つのはもうやめようと決意した。彼は飛行機でベリーズへ渡り、現地の神経外科医ジョエル・セルバンテスに三万ドルを支払った。自らの脳を使って実験するために、医師に脳を切開させ、小さな装置を埋め込ませたのだ。彼の名前はケネディ——フィル・ケネディである。[14]

その一五年ほど前、フィル・ケネディは麻痺患者の脳に同じような処置を施した。その結果、寝たきりだった患者は頭の中で想像するだけでコンピュータのカーソルを操作できるようになり、それによって外界とのコミュニケーションが可能になった。しかし法律や資金や技術的な理由により、アメリカで再び同じ処置を行うことができなくなる。しかも、他に志願してくれる患者も見つからない。不撓不屈の男ケネディは、目標を諦めたくなかった。そして二〇一四年、彼はベリーズで自ら手術台に横たわっていた。処置後しばらくは、生きて思考する脳の神経発火を記録することができたが、手術も回復も一筋縄ではいかず、科学的な大躍進を果たす前に、頭の中から装置を除去しなければならなかった。[16]

このような技術的・倫理的問題を回避するため、皮膚内への器具の挿入を必要としない非侵襲的方法が、人間同士の脳で信号を送受信したりそれを記録したりするのによく使われている。その一つが、脳波記録法（ＥＥＧ）だ。複数の電極を、頭蓋内部には挿入せず、頭皮表面につけて電気信号を記録するという比較的シンプルな技術である。信号はいったんコンピュータにインプットされ、別の人間や動物に伝送される。たとえばハーバード大学では、人間の脳から脳波を記録し、その情報をラットの脳へ送り込むことに成功した。[17] 実はこの方法は、思いのほか有益でもある。人間-ラット間の相互作用における究極の目的の一つは、人間の意思によってコントロールできる小さな「ラット部隊」を展開させることで、たとえばそれが、敵の陣地への誘導に役立つことも考えられる。様々な可能性を念頭に置きつつ、ハーバード大学の研究グループは、人間の思考一つでラットの尻尾が動かせることを証明しようとした。[18]

彼らは実験参加者をコンピュータの前にすわらせた。頭に脳波測定器をつけて記録しているあいだ、画面には正方形や円がごく短時間、次々と映し出される。参加者の脳内に生じる信号は、円を見たときと正方形を見たときでは微妙に違う。それらの信号はコンピュータにインプットされ、その後超音波によってラットの脳に送り込まれるが、超音波はラットのそれぞれ特定の脳領域における神経活動を誘発する。人間が円を見たときの脳波は、ラットが尻尾を上に持ち上げる神経細胞を活性化させ、正方形を見たときの脳波は、尻尾を下ろす別の神経細胞を活性化させる。この場合、円と正方形はただの例であり、特別な意味はない。お望みならばユニコーンとハンバーガーでもかまわないし、実際にはそれらを思い浮かべるだけでも事足りる。

この技術は、ブレーン・コンピュータ・インターフェイス、いわゆる「ＢＣＩ」と本質的に似通っている。ＢＣＩとは、手足が不自由な患者らを助ける目的で使用されてきた技術である。一九九六年に脊髄小脳変性症と診断されたジャン・ショイエルマンも、その恩恵に与った一人だ。遺伝性の神経変性疾患にかかった彼女は、すぐに手足の自由を失った。一人では歩くことも食べることも着替えることもままならず、介護人に身を任せるだけの生活を送っていたが[19]、二〇一二年、医師が現実とは思えぬ突拍子もない解決策を提案してきた。願うだけで物を動かせるロボットアームの導入だった。

まるで未来の物語のように思えたが、ジャンは挑戦することにした。手術によって、彼女の脳内には約六ミリ四方の電極アレイが埋め込まれた。腕を動かしたいと考えると、この電極が神経細胞からの信号を感知してロボットに電流を送り、ロボットアームに動けという合図をする。手術からわずか二週間ほどで、ジャンは新しい腕を動かせるようになり、その後すぐに自分で食事をすることに成功した。

意欲的なジャンは、数年後にはさらなる挑戦、もっとすごい挑戦をする決意をした。彼女の新たな目標は、脳の力でジェット戦闘機を飛ばすことだった。最初の移植手術からわずか三年後、ジャンはＤＡＲＰＡ（国防高等研究計画局）によるプロジェクトの一環として、飛行シュミレーターの中でＦ35戦闘機や単発セスナを完璧に操縦してみせた。ＤＡＰＲＡのアラティ・プラボカー長官は、「脳が人体の制約から自由になる未来が見えてきた」と語っている[20]。

図 17　左の写真の人物は、右の写真人物の指を、思考によって動かそうとしている[22]（ワシントン大学）。

頭の中で考えるだけでロボットアームを動かすことができるなら、同じように人間の手も動かすことはできないだろうか？　ラット-ラット、人間-ラット、人間-機械と来たら、やはり次は人間-人間間の伝達だろう。今回紹介する実験で使用されたのも、脳波記録法である。送信する側が自分の手を動かそうとすると、それによって発生した信号を脳波測定器が記録する。この信号はまずコンピュータで解析され、インターネット経由で送信されるとき、受信側で磁気信号に変換される（図17）。微弱な電気パルスは、受信者が頭に装着しているＴＭＳ（経頭蓋磁気刺激装置）を通じて脳に送り込まれ、神経の反応を引き起こす。すると不思議——受信者の指が意識することなく自動的に動いたのだ[21]。

アインシュタインは、脳と脳をつなぐワイヤを通じて、ホメロスにどのボタンを押すべきかを教えた。実験に参加した男性は、思考だけで他人の指を動かした。これらの事実から、相手の行動を変えるには、その人の神経細胞の発火パターンを変化させる必要があることがわかる。しかし、もしも脳活動を直接変化させる方法を見出したら、私たちの心は本質的に変わってしまうのだろうか？　そしていつの日か、脳をつなぐことによって、人の意見や信念を変えることができるようになるのだろうか？

私は私の脳である

ある月曜日の夜、ロンドン・スクール・オブ・エコノミクスでは感情が激しくぶつかり合っていた。舞台上の話者の顔は興奮で赤くなり、聴衆は野次を飛ばし、決して上品とは言えない表現がすべての口から漏れ出てくる。満席の講堂で行われたこの討論会の議題は何か？　あなたはきっと、失業や差別問題、もしくは来たる選挙についての議論だと思うだろう。だがそうではない。何百人もの聴衆を白熱させた質問はこれだ。「私たちの心について、脳は何を教えてくれるのか？」

パネリストとして私の隣にすわっていたのは、オックスフォード大学の哲学名誉教授だった。彼はつい先ほどまで二〇分かけて、ノーベル賞受賞者二人を含む現代の偉大な神経科学者の研究を、「ナンセンス」という言葉を交えながら説明していた。次は私の番だった。私はこのようなことを述べた。「目の前にある選択肢の価値を、脳がどのように計算するのかということに興味をもっています」。これが議論を招くような発言になるとは思いもしなかったのだが、大失敗だった。哲学教授が席から立ち上がり、私を指さしてこう言ったのだ。「しかし選択肢を計算するのは君の脳ではないだろう！　それをするのは君自身だ」。「でも私は私の脳です」と答えると、教授は「いや、違う」と断言した。「君は君の腕であり、脚であり、すべてが君を形作っている」

それは確かに真実だ。私は私の腕であり、脚であり、肺であり、心臓であり、そして脳である。もしあなたが私の身体のどこかの器官に影響を与えたら、結果的には脳に影響が及ぼされることも、真実だ。腕を殴られたら、脳は痛みの信号を送る。脚に氷を押しつけられたら、脳は冷たいという感覚を作り出す。心臓にナイフを刺されたら、脳はやがてすべての機能を止めてしまう。逆もまた同じだ。私の脳の機能を変化させることで、あなたは私の身体の各部位の機能をも変えることができる――脳がすべてをコントロールしているからだ。

けれども、もし両脚を切り落とされても、私は基本的に私のままである。名誉教授の心臓を私の体内に移植しても、私は依然として私のままだ。体内で彼の心臓が脈打っていても、私はクリームチーズとサーモンをのせたクランペットに目がないだろうし、走るのが大好きで、人間の行動を理解することに情熱を燃やすだろう。だけど、もしも教授の脳を私に移植したら、私は格子柄のジャケットを着込み、上流階級のイギリス英語をしゃべるようになるかもしれない。自分の子供たちのことすら認識できなくなり、今の私とはまったく違う考え方をするようになるはずだ。

脳腫瘍、頭部損傷、脳を侵す化学物質などは、人を著しく変えてしまうことがある。物理的な脳損傷は、あなたの思考、感覚、記憶、人格を激変させかねないのだ。たとえば、海馬を外科的に取り除くと、新しい記憶を保持しておくことができないし[23]、大きな鉄の棒が前頭葉に突き刺さったら、内にこもり社交性を失うかもしれない[24]。脳は心を作り出しているから、脳に変化が起これば心にも変化が生じるだろう。

脳の神経活動に直接変化を与えることによって、互いの行動や思考を変えることのできる日が、いつか訪れるかもしれない。私の脳内でニューロンが別のニューロンに作用し、私自身の記憶や価値観や行動が変わっていくように、私のニューロンが直にあなたのニューロン発火を促し、あなたの記憶や価値観や行動を変えていく。月を征服しようとか、内向的な人に発言の機会を与えようといった考えを含むすべての思考は、本質的には脳内における電気的・化学的信号である。それらの信号を記録し、伝達し、解析することが可能ならば、その技術を用いて他人の思考に影響を及ぼすことも、原理としては可能と言えるのではないか。もちろんそれを実現するためには、脳の複雑な神経回路をより正確に理解し、思考や行動に脳の各部位がどのような役割を果たしているかをより詳細に知ることが不可欠だ。そのような理解が深められるのは、遠い未来の話になるだろう。

＊　＊　＊

直接的にはまだ難しそうだが、他人の脳活動を変えるのは不可能なことではない。言葉や表現や行動を工夫するだけで、それが可能になることもあるからだ。他人に影響を与えたいとき、心や脳の機能をより深く理解できていれば、大きなインパクトを生み出したり系統的なエラーを防いだりするのに役立つだろう。相手の間違いを主張することや、支配しようとすることなど、私たちが影響力に対して抱く直感の多くには効果がない。なぜなら、それは心や脳の作用と相容れないからだ。

他人を変えようとする試みは、脳の働きを決定づける中心的要素と一致していなければ成功しない。本書の目的は、それらの要素（事前の信念、感情、インセンティブ、主体性、好奇心、心の状態、他人）を明確にし、各要素が人にどのような影響を与えるのかを知ることだった。生物学の原理、行動学のルール、心理学の理論を覚えるのは楽ではない。でも、物語や構想やキャラクターなら心に刻み込まれるだろう。それらが奏でる情緒豊かなストーリーは、すんなり理解できて、思い出すのも簡単だ。「従業員は手を洗うこと」という注意書きを次に見つけたら、脅しよりも即時の報酬を与えた方が、人はやる気になることを思い出してほしい。植物に水をやる機会があったら、人に影響を及ぼすには、命令するよりも自分でコントロールさせた方がずっと効き目があることを思い出してほしい。機内安全の説明を聞くときには、悪いことよりも良いことが起こる可能性を強調したメッセージの方が、人々の注意を引きつける力をもっていることを思い出してほしい。この本に登場したキャラクターと、彼らが伝える物語が、あなたの心の片隅で穏やかに生き続け、大切なときにはその顔を覗かせてくれることを切に願っている。

謝辞

本書のアイデアが生まれたのは、いろいろな意味で、私の前著『脳は楽観的に考える』の読者のおかげである。読者の方々からは、メールでたくさんの質問をいただいた。子供や配偶者、従業員、クライアントなどと接するとき、楽観性にかんする私の研究をどのように役立てるべきなのか。また教育、政治、ビジネス、ソーシャルメディアに、楽観性はどのような影響を及ぼしているのか……これらの質問は私の心に響いた。ちょうどその頃、私は研究所（アフェクティブ・ブレイン・ラボ）を立ち上げ、私生活では新しい家族を授かろうとしていたところだった。だから、自分の行動がラボや家族のメンバーにどんな影響を与えているのか、常に思いを巡らしていた。もっと知りたい、そう思った私は、長年かけて自分が積み上げてきた人間の脳にかんするデータや、同業者によるデータの数々を調べ始めた。

本書に提示した様々な証拠は、ラボの学生たちの協力によって得たものだ。彼らは人間の行動について理解を深めるため、粘り強く実験を続けている。ニール・ギャレット、カロリーヌ・シャルパンティエ、クリスティーナ・マウツィアナ、フィリップ・ジェシアルツ、セバスチャン・ボバディラ・

スアレス、アナ・マリア・ゴンザレス、ステファニー・ラザーロ、ラファエル・コスター、アンドレアス・カッペスには、深い感謝の意を表したい。本書で紹介した多くのアイデアに対する私の好奇心に火をつけてくれたのは、才気あふれる同業者たちだ。とりわけマイカ・エデルソン、ジャン・エマニュエル・ドヌーヴ、マルク・ギタルト・マシップ、マイケル・ノートン、ベネディット・デマルティノ、ヤディン・デューダイ、レイ・ドラン、イーサン・ブロムバーグ・マーティン、バハドル・バーラミ、ドレイゼン・プレレック、そしてキャス・サスティーン。マイカ、ベネディット、ジャン、マルク、アンドレアス、ステファニー、キャスは初稿を読んで、洞察力に富む意見を寄せてくれた。キャスとのたくさんの会話に助けられて、この本を現在の形に構成できたことを嬉しく思っている。友人のタマラ・シャイナーとアミール・ドランは、草稿を読んでコメントしてくれた。またアミールは、本書に出てくるたくさんのエピソードに目を向けさせてくれた。

このうえなく優秀な私のエージェントたち――ヘザー・シュローダー（コンパス・タレント）とソフィー・ランバート（コンヴィル&ウォルシュ）は、私の研究成果が世間の目に触れるように、予想以上の頑張りを見せてくれた。またそれがかなったのは、編集者のセレナ・ジョーンズ（ヘンリー・ホルト）とティム・ホワイティング（リトル・ブラウン）のおかげだ。二人は経験と才能と辛抱強さをもって、本書が出版できる形になるまで、初期段階から検討を重ねてくれた。素晴らしいイラストを提供してくれたのはリサ・ブレナンだ。こうした方々のおかげで、本書は最終的に商品として日の目を見た。

私が最初に本書のアイデアをティム・ホワイティングにもちかけたのは、娘のリヴィアが生まれた二週間後のことだった。その後三年間にわたる執筆期間中、リヴィアとその次に生まれた弟のレオが、ものを喋ったり考えたりする「人間」に成長していく姿を見守る幸運に恵まれた。子供たちとの関わりは私の考え方に影響を与え、それは本書の随所に差し挟まれている。私の人生に彼らの存在と愛があることを、大いに感謝したい。また、子供たちのことを愛し、可愛がり、その人格形成に良い影響を与えてくれているすべての人々にも感謝する。とりわけ私と夫の両親は、ともに遊び、歌い、本を読み聞かせ、子供たちにとって素晴らしい手本となってくれている。そして、最愛の夫ジョシュ・マクダーモットは、あらゆる段階で愛と支えと助言を与えてくれた。何らかの障害や疑問が生じたときはいつでも、彼の叱咤激励が私の意欲を高めてくれた。この本を彼に捧げたい。

訳者あとがき

人生は選択の連続である、という格言のとおり、私たちは日々無数の選択を行っている。たとえ無意識のうちに行われたとしても、それぞれの選択の陰にはあまたの情報や他者の思いが脈打っていて、その影響をまるっきり受けないでいることは不可能にさえ思える。生きることが選択の連続ならば、影響を与え合うこともまた、人生に不可欠な要素なのだろう。

本書の著者ターリ・シャーロットは、人間の行動、感情、意思決定に関する研究に情熱を燃やす、若き認知神経科学者だ。楽観主義バイアスについての研究が広く注目を集め、二〇一一年に出版された前著 *The Optimism Bias* は、『脳は楽観的に考える』（斉藤隆央訳　柏書房）という題名で日本語訳されている。この研究をさらに発展させ、楽観的な私たちの脳がどのように他人に影響を与え、他人から影響を受けるのかを、より実践的な形で教えてくれるのが、本書『事実はなぜ人の意見を変えられないのか』である。

本書は、他人に影響を与えようとするときに重要になる、事前の信念、感情、インセンティブ、主体性、好奇心、心の状態、他人といった「脳の働きを決定づける中心的要素」を軸に構成されている。読み進めるうちになるほどと思うのは、著者シャーロットが率先して、それらのポイントを活用している点だ。簡単に言えば、読者は次第に影響されていく。事実やデータの羅列で読者の主体性を損なうのではなく、たとえば研究論文をストーリー仕立てにすることで、読み手はどんどん先を知りたくなる。著者自身の生き生きとした私生活のエピソードに惹きつけられて、いつのまにか感情が同期してしまう。随所に散りばめられたユーモアに頬も心も緩んでしまうから、著者の話を受け入れやすくなるし、自分にもできるかもとポジティブな気持ちが湧いてくる。

現在シャーロットは、ユニバーシティ・カレッジ・ロンドンの教授として、本書執筆中に立ち上げたという「アフェクティブ・ブレイン・ラボ」を率いている。ラボでは、脳科学や神経精神病理学の最新技術、行動実験など様々な要素を交えながら、これまでは社会心理学や行動経済学の分野で重点的に取り上げられてきた問題にアプローチしている。このような取り組みが進めば、最終章に描かれた影響力の未来が到来する日も夢ではないのかもしれない。

個人的な話ではあるが、本書を訳しているのとちょうど同時期に、ごく親しい友人が一種の脳障害を患った。疾患によって一時的に思考や言動が著しく変わってしまった友人を見て、この本の骨子とも言うべき「あなたの存在はあなたの脳である」という言葉が、私の胸に痛く刺さった。

脳に関連する病気（依存症や摂食障害などを含む）に苦しむ人の話を見聞するにつけ、彼らが同じような症例を経験していく様子に驚く。見た目も性格も異なる個人が、脳のどこかの故障によって系統的な症状をたどっていくさまを見ると、不謹慎かもしれないが、取扱説明書の後ろの方に載っているエラー表示例のページを思い出す。患者やその周囲の人々を苦しめている症例のほとんどは、エラーコードやサポート番号のように大別できてしまう場合が多いものだ。シャーロットいわく、「私たちの行動の大半は、相違ではなく共通性によって説明がつく」。一方その利点として、「おかげで私たちはたった一人で世間を渡る必要がなくなる」。

人間同士の差異は思いのほか少ないのかもしれないが、それでもやはり、私たちは各々の世界観と独自性をもった個人の集まりだ。それゆえに意見や信念の相違は免れないし、ときには気持ちがすれ違い喧嘩もしてしまう。うまく相手を説得できずにイライラすることもあるけれど、それもまた人間らしさで、脳に直接信号を送って影響を与えることのできる未来の世界では、物語や音楽や芝居といった真に人間らしいものの必要性も薄まってしまうのかもしれない。

溢れる情報に左右され、他人との関わりにストレスを感じる現代社会はちょっと煩わしいけれど、まだ人間らしい温かみも確かに残っている。本書が、そんな世の中で上手に影響を与え合いながら生きていくためのナビゲーターになってくれたら、橋渡し役である翻訳者としてはとても嬉しい。未来にどう活用されるかは別として、知識は理解を深めてくれる。アフェクティブ・ブレイン・ラボから、人間の行動をひもとく新たな研究結果が届くのを、遠く日本から心待ちにしたい。

二〇一九年初夏

上原直子

本書について

本書は、Tali Sharot, *The Influential Mind* (Little Brown, 2017) の全訳です（文中〔　〕でくくった箇所は、訳者による補足です）。著者が拠点を置くイギリスとアメリカでは、刊行直後から好評をもって迎えられ、二〇一七年にはタイムズ紙やフォーブス誌など多数の新聞雑誌の年間ベストブックにノミネート、翌一八年にはイギリス心理学会賞を受賞しています。

二人の人物が意見を戦わせていて、一方が明白な事実や数字を示して相手の誤りを指摘するが、提示された側はそれをまったく意に介さず、結局は議論が平行線をたどる——そんな場面をSNSで目撃したことはないでしょうか？　議論の対象が政治であれ、健康問題であれ、趣味であれ、そうした光景は今ではとくに珍しくないようです。もちろん、客観的事実が説得の役に立たないケースはSNSだけに限りません。丹念に下調べをして、間違いのない数字を用意したにもかかわらず、プレゼンや相談事などで、相手の考えを寸毫《すんごう》も変えられなかったという事態は、ほとんどの社会人が経験していることでしょう。いや、変えられないどころか、事実を提示したおかげで、相手の気持ちをさらに頑《かたく》なにしてしまう場合だってあるかもしれません。

普通に考えると、明白な事実を示されても意見を変えない人たちは、恐ろしく頭の固い人物か、論理的に考える能力に乏しい人物のように思えます。まともな人なら、専門家が調査を重ねて導き出した事実や数字を目の前にすれば、自説を完全に曲げるとまではいかなくとも、方向修正くらいは考えるはずです。そんなことすらできない人は、ごく一部の偏狭で不合理な人物に違いない……。ところが驚くべきことに、本書の著者ターリ・シャーロットによると、そうした反応は例外的なものではなく、誰にでも当たり前のように起きていることなのだそうです。そしてその原因は、私たち人間の脳の構造にあります。

ターリ・シャーロットは、名門ユニバーシティ・カレッジ・ロンドンの教授で、心理学と脳科学が交わる領域、認知神経科学を専門としています。楽観主義を脳の機能から説明する研究で世界的に名前が知られるようになり、それについて講演をした彼女のＴＥＤトークの動画再生数は二〇〇〇万回を軽く超えるほどの大きな注目を集めました。

そんな人気者の著者が楽観主義の次に選んだテーマは、ずばり「影響力」です。私たちが他者の影響によって考えや行動を変えるとき、脳の内部ではいったい何が起こっているのか――それをとことん調べ上げ、その成果から導かれた、より効果的な説得の技法を伝授してくれるのが、この一冊というわけです。本書では、数々の研究によって特定された「影響力」の鍵となる七つの項目（事前の信念、感情、インセンティブ、主体性、好奇心、心の状態、他人）をピックアップ。それらを順番に紹介しながら、著者自らが実施した興味深い実験やユーモアに富んだ逸話を交えて、「影響力」の秘密に迫っていきます。

著者が紹介する脳の研究からは、次のような知的探究心をくすぐる疑問も登場します。たとえば、私たちがひっきりなしにスマホを見てしまうのはなぜか？　大きな集団になるほどイノベーションに乏しくなる理由は？　アマゾンのレビューはどこまで信用できるか？　同じ問題でも時間をあけて見直すと正答率が上がるのはどうしてか？　「すべての人間は、生まれつき、知ることを欲する」というアリストテレスの言葉は脳科学から見て正しいか？　これらの疑問に対する解答については、ぜひ本編でお確かめください。

本書はまた、知的に面白いばかりではなく、すぐに使える実用的な知識も豊富に紹介しています。そこで解説されている研究成果をうまく利用すれば、上司や部下、友人やパートナーとの対話、議論に、今までとは違ったアプローチでのぞむことができるでしょう。しかもそれは、以前よりも成功率がずっと高い説得の技法なのです。

ところで、事実で人の考えを変えられないということは、裏を返せば、事実でないもので人をコントロールできることでもあります。近年の世界的な傾向として、本来であれば社会を良い方向に導くべき各分野の権力者たちが、こぞって不都合な事実を隠蔽する一方で、マスメディアやインターネットを利用して大衆の感情をうまく誘導しようと画策している印象を強く受けます。そして私たちの多くは、まんまとその戦略に乗せられてしまっているようです。小説家のバーバラ・キングソルヴァーはかつて「蛇と戦うには、その毒を知らなくてはならない」と述べました。私たちが必ずしも事実をもとに判断していないことは、人間の脳という「蛇」がもつ「毒」の一つだと言えるでしょう。本書がその毒を知る一助となることを願います。

白揚社編集部

ン作動性ニューロンからの信号を受ける。報酬への期待を伝えるのに重要な領域であることから、脳の報酬中枢と呼ばれることもある。

扁桃体　感情の処理と伝達、そして覚醒に重要な領域。扁桃体は非常に多くの脳領域と関連しており、そのため記憶、知覚、注意など様々な働きは、感情に影響を受け変化することがある。

海馬　内側側頭葉にある海馬は、記憶を司っている。扁桃体の隣に位置するため、記憶が感情の作用で大きく変化することもある。

前頭葉　前頭葉は、高度な認知活動（計画を立てる、ものを考えるなど）に欠かせない脳の部位で構成されている。そのなかには、扁桃体の活動を抑制し、感情を調節するのに重要な役割を果たす部位もある。

運動皮質　運動実行の要となる脳の領域。腹側被蓋野／黒質からの信号が線条体に伝わり、運動皮質に伝達される。

付録　影響を与える脳

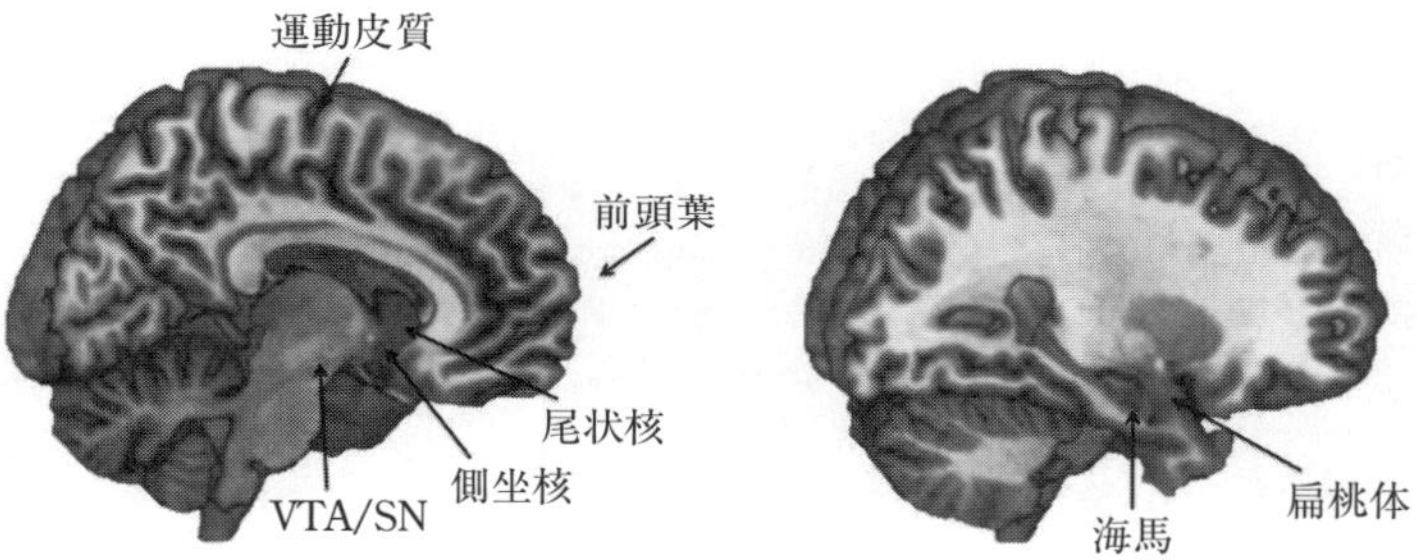

心のメカニズム　図は脳の矢状断面図。頭のてっぺんから首までまっすぐに切断すると、人間の脳はこのように見える。左図は、頭のほぼ中心を通る断面。右図は、頭の中心と外縁のちょうど真ん中あたりを通る断面。ここで取り上げたのは、本書で論じた神経回路を構築するのに重要ないくつかの領域である（図はカロリーヌ・シャルパンティエの提供による）。

人間の脳の領域は、互いに関連しながら行動、思考、信念を生み出している。関連し合う領域の接合点に刺激が与えられると、別の接合点にも変化が起こり、人々の行動や信念を変えていく。本書で紹介したいくつかの重要な領域をここに挙げる。

腹側被蓋野《ふくそくひがいや》（VTA）／黒質《こくしつ》（SN）　中脳の一部を占めるこれらの領域には、報酬への期待を伝える「ドーパミン作動性ニューロン」が多く存在している。期待以上の報酬を得たときにはニューロンが活性を高め、予期せず報酬が得られなかったときには活性が弱まる。このニューロンは主に、脳の奥深くに位置する線条体に投射している。

側坐核　側坐核は線条体の一部で、主に腹側被蓋野／黒質のドーパミ

Using Only Her Mind," *The Washington Post*, March 3, 2015, https://www.washingtonpost.com/news/speaking-of-science/wp/2015/03/03/a-paralyzed-woman-flew-a-f-35-fighter-jet-in-a-simulator-using-only-her-mind/.

21. Rajesh P. N. Rao et al., "A Direct Brain-to-Brain Interface in Humans," *PLoS One* 9, no. 11 (2014): e111332.
22. Doree Armstrong and Michelle Ma, "Researcher Controls Colleague's Motions in First Human Brain-to-Brain Interface," *UW Today*, August 27, 2013, http://www.washington.edu/news/2013/08/27/researcher-controls-colleagues-motions-in-1st-human-brain-to-brain-interface/.
23. W. B. Scoville and B. Milner, "Loss of Recent Memory After Bilateral Hippocampal Lesions," *Journal of Neurology, Neurosurgery, and Psychiatry February* 20, no. 1 (1957): 11–21.
24. J. M. Harlow, "Passage of an Iron Rod Through the Head," *Journal of Neuropsychiatry and Clinical Neurosciences* 11, no. 2 (1999): 281–83.

htm.
8. "The first ISP," Indra .com, August 13, 1992; archived from the original on March 5, 2016, retrieved on October 17, 2015.
9. J. Hawks, "How Has the Human Brain Evolved?," *Scientific American* (2013): 6.
10. J. K. Rilling and T. R. Insel, "The Primate Neocortex in Comparative Perspective Using Magnetic Resonance Imaging," *Journal of Human Evolution* 37, no. 2 (1999): 191–223.
11. U. Hasson, A. A. Ghazanfar, B. Galantucci, S. Garrod, and C. Keysers, "Brain-to-Brain Coupling: A Mechanism for Creating and Sharing a Social World," *Trends in Cognitive Sciences* 16, no. 2 (2012): 114–21.
12. Miguel Pais-Vieira et al., "A Brain-to-Brain Interface for Real-Time Sharing of Sensorimotor Information," *Scientific Reports* 3 (2013).
13. Ian Sample, "Brain-to-Brain Interface Lets Rats Share Information via Internet," *Guardian*, March 1, 2013, https://www.theguardian.com/science/2013/feb/28/brains-rats-connected-share-information.
14. Daniel Engber, "The Neurologist Who Hacked His Brain—and Almost Lost His Mind," *Wired*, January 26, 2016, http://www.wired.com/2016/01/phil-kennedy-mind-control-computer/.
15. Ibid.
16. Seung-Schik Yoo et al., "Non-Invasive Brain-to-Brain Interface (BBI): Establishing Functional Links Between Two Brains," *PLoS One* 8, no. 4 (2013): e60410.
17. Sebastian Anthony, "Harvard Creates Brain-to-Brain Interface, Allows Humans to Control Other Animals with Thoughts Alone," Extremetech, July 31, 2013, http://www.extremetech.com/extreme/162678-harvard-creates-brain-to-brain-interface-allows-humans-to-control-other-animals-with-thoughts-alone.
18. Seung-Schik Yoo et al., "Non-Invasive Brain-to-Brain Interface (BBI): Establishing Functional Links Between Two Brains," *PLoS One* 8, no. 4 (2013): e60410.
19. Charles Q. Choi, "Quadriplegic Woman Moves Robot Arm with Her Mind," *Live Science*, December 17, 2012, http://www.livescience.com/25600-quadriplegic-mind-controlled-prosthetic.html.
20. Abby Phillip, "A Paralyzed Woman Flew an F-35 Fighter Jet in a Simulator

14. Kalish, "Iterated Learning," TK.
15. Mahmoodi, "Equality Bias," TK.
16. Shane Frederick, "Cognitive Reflection and Decision Making," *Journal of Economic Perspectives*, 19, no. 4 (2005): 25–42, doi:10.1257/089533005775196732, retrieved December 1, 2015.
17. Prelec, Drazen, H. Sebastian Seung, and John McCoy. *Finding truth even if the crowd is wrong*. Tech. rep., Working paper, MIT, 2013.

■9 影響力の未来

1. A. Belfer-Cohen and N. Goren-Inbar, "Cognition and Communication in the Levantine Lower Palaeolithic," *World Archaeology* 26 (1994): 144–57, doi:10.1080/00438243.1994.9980269.
2. F. L. Coolidge and T. Wynn, "Working Memory, Its Executive Functions, and the Emergence of Modern Thinking," *Cambridge Archaeological Journal* 15 (2005): 5–26, doi: 10.1017/S0959774305000016.
3. Peter T. Daniels, "The Study of Writing Systems," in *The World's Writing Systems*, ed. William Bright and Peter T. Daniels. (New York: Oxford University Press, 1996).〔ピーター・T・ダニエルズ「文字学(グラマトロジー)」(『世界の文字大事典』(ピーター・T・ダニエルズ、ウィリアム・ブライト編集　矢島文夫監訳　朝倉書店)より)〕
4. Benedict Anderson, *Comunidades Imaginadas: Reflexiones Sobre el Origen y la Difusion del Nacionalismo* (Mexico: Fondo de Cultura Economica, 1993)〔ベネディクト・アンダーソン『増補 想像の共同体　ナショナリズムの起源と流行』(白石さやほか訳　NTT出版)〕で引用された、Lucien Febvre and Henri-Jean Martin, *The Coming of the Book: The Impact of Printing*, 1450–1800, (London: New Left Books, 1976).〔リュシアン・フェーヴル、アンリ・ジャン・マルタン『書物の出現』(関根素子ほか訳、ちくま学芸文庫)〕
5. P. K. Bondyopadhyay, "Guglielmo Marconi: The Father of Long Distance Radio Communication—An Engineer's Tribute," 1995.
6. "Current Topics and Events," Nature 115 (April 4, 1925): 505–06, doi:10.1038/115504a0.
7. Mitchell Stephens, "History of Television," *Grolier Encyclopedia*, https://www.nyu.edu/classes/stephens/History%20of%20Television%20page.

22. De Martino, Benedetto, et al, "In the Mind of the Market: Theory of Mind Biases Value Computation During Financial Bubbles," *Neuron* 79.6 (2013): 1222–1231.

■8 「みんなの意見」は本当にすごい？（他人 その２）

1. "Man Booker Winner's Debut Novel Rejected Nearly Eighty Times," *Guardian*, October 14, 2015.
2. "Revealed: The Eight-Year-Old Girl Who Saved Harry Potter," *Independent*, July 2, 2005.
3. Ibid.
4. Francis Galton, "Vox Populi (the Wisdom of Crowds)," *Nature* 75 (1907): 450–51.
5. James Surowiecki, *The Wisdom of Crowds* (New York: Anchor, 2005).〔ジェームズ・スロウィッキー『「みんなの意見」は案外正しい』（小高尚子訳　角川書店）〕
6. Micah Edelson, Tali Sharot, R. J. Dolan, and Y. Dudai, "Following the Crowd: Brain Substrates of Long-Term Memory Conformity," *Science* 333, no. 6038 (2011): 108–11.
7. Julia A. Minson and Jennifer S. Mueller, "The Cost of Collaboration: Why Joint Decision Making Exacerbates Rejection of Outside Information," *Psychological Science* 23, no. 3 (2012): 219–24.
8. Edward Vul and Harold Pashler, "Measuring the Crowd Within Probabilistic Representations Within Individuals," *Psychological Science* 19, no. 7 (2008): 645–47.
9. Ali Mahmoodi et al., "Equality Bias Impairs Collective Decision-Making Across Cultures," *Proceedings of the National Academy of Sciences* 112, no. 12 (2015): 3835–40.
10. Tali Sharot, *The Optimism Bias*.〔第３章註 16 を参照〕
11. Michale L. Kalish, Thomas L. Griffiths, and Stephan Lewandowsky, "Iterated Learning: Intergenerational Knowledge Transmission Reveals Inductive Biases," *Psychonomic Bulletin & Review* 14, no. 2 (2007): 288–94.
12. Ibid.
13. Ibid.

8. Lev Muchnik, Sinan Aral, and Sean J. Taylor, "Social Influence Bias: A Randomized Experiment," *Science* 341, no. 6146 (2013): 647–51.
9. Micah Edelson, Tali Sharot, R. J. Dolan, and Y. Dudai, "Following the Crowd: Brain Substrates of Long-Term Memory Conformity," *Science* 333 no. 6038 (2011): 108–111.
10. Joseph LeDoux, The Emotional Brain: *The Mysterious Underpinnings of Emotional Life* (New York: Simon and Schuster, 1998).〔ジョセフ・ルドゥー『エモーショナル・ブレイン　情動の脳科学』(松本元ほか訳 東京大学出版会)〕
11. Heinrich Kluver and Paul C. Bucy, "Preliminary Analysis of Functions of the Temporal Lobes in Monkeys," *Archives of Neurology and Psychiatry* 42, no. 6 (December 1939): 979–1000.
12. Kevin C. Bickart et al., "Amygdala Volume and Social Network Size in Humans," *Nature Neuroscience* 14, no. 2 (2011): 163–64.
13. Edelson et al, "Following the Crowd."
14. Micah Edelson, Y. Dudai, R. J. Dolan, and Tali Sharot, "Brain Substrates of Recovery from Misleading Influence," *Journal of Neuroscience* 34 no. 23 (2014): 7744–7753.
15. Christophe P. Chamley, *Rational Herds: Economic Models of Social Learning* (Cambridge: Cambridge University Press, 2004).
16. Albert Bandura, "Influence of Models' Reinforcement Contingencies on the Acquisition of Imitative Responses," *Journal of Personality and Social Psychology* 1, no. 6 (1965): 589.
17. Kyoko Yoshida et al., "Social Error Monitoring in Macaque Frontal Cortex," *Nature Neuroscience* 15, no. 9 (2012): 1307–12.
18. Wolfram Schultz, Peter Dayan, and P. Read Montague, "A Neural Substrate of Prediction and Reward," *Science* 275, no. 5306 (1997): 1593–99.
19. Christopher J. Burke et al., "Neural Mechanisms of Observational Learning," *Proceedings of the National Academy of Sciences* 107, no. 32 (2010): 14431–36.
20. Paul A. Howard-Jones et al., "The Neural Mechanisms of Learning from Competitors," *Neuroimage* 53, no. 2 (2010): 790–99.
21. Rebecca Saxe and Nancy Kanwisher, "People Thinking About Thinking People: The Role of the Temporo-Parietal Junction in 'Theory of Mind.' " *Neuroimage* 19, no. 4 (2003): 1835–42.

20. L. Guiso, P. Sapienza, and L. Zingales, "Time Varying Risk Rversion," NBER Working Paper no. w19284 (2013); available at http://www.nber.org/papers/w19284.
21. R. M. Heilman, L. G. Crişan, D. Houser, M. Miclea, and A. C. Miu, "Emotion Regulation and Decision Making Under Risk and Uncertainty," *Emotion* 10 (2010): 257-65.
22. Kenneth T. Kishida et al., "Implicit Signals in Small Group Settings and Their Impact on the Expression of Cognitive Capacity and Associated Brain Responses," *Philosophical Transactions of the Royal Society B: Biological Sciences* 367, no. 1589 (2012): 704-16.
23. Gregory J. Quirk and Jennifer S. Beer, "Prefrontal Involvement in the Regulation of Emotion: Convergence of Rat and Human Studies," *Current Opinion in Neurobiology* 16, no. 6 (2006): 723-27.
24. A. Ross Otto, Stephen M. Fleming, and Paul W. Glimcher, "Unexpected but Incidental Positive Outcomes Predict Real-World Gambling," *Psychological Science* (2016): 0956797615618366.

■7 赤ちゃんはスマホがお好き（他人 その１）

1. Jeanna Bryner, "Good or Bad, Baby Names Have Long-lasting Effects," *Live Science*, June 13, 2010.
2. Rob Siltanen, "The Real Story Behind Apple's 'Think Different' Campaign," *Forbes*, December 14, 2011.
3. Ibid.
4. Albert Bandura, Dorothea Ross, and Sheila A. Ross, "Imitation of Film-Mediated Aggressive Models," *Journal of Abnormal and Social Psychology* 66, no. 1 (1963): 3.
5. Caroline J. Charpentier et al., "The Brain's Temporal Dynamics from a Collective Decision to Individual Action," *Journal of Neuroscience* 34, no. 17 (2014): 5816-23.
6. Bryan Alexander, "*Sideways* at 10: Still Not Drinking Any Merlot?," USA TODAY, October 6, 2014, http://www.usatoday.com/story/life/movies/2014/10/06/sideways-killed-merlot/15901489/.
7. Juanjuan, Zhang, "The Sound of Silence: Observational Learning in the U.S. Kidney Market," *Marketing Science* 29, no. 2 (2010): 315-35.

3. Neil Garrett, Ana Maria Gonzalez-Garzon, Lucy Foulkes, Liat Levita, and Tali Sharot, "Updating Beliefs Under Threat." In preparation.
4. Anne Ball, "Fear of Terrorism Spreads Far Beyond Paris," Learning English, November 18, 2015, http://learningenglish.voanews.com/a/paris-terrorist-attack-causes-fear-worldwide/3063741.html.
5. http://www.pressreader.com/.
6. Avinash Kunnath, "Jeff Tedford: Where Things Went Wrong," http://www.pacifictakes.com/cal-bears/2012/11/16/3648578/jeff-tedford-california-golden-bears-head-coach-history.
7. Ibid.
8. Ibid.
9. Avinash Kunnath, "Coach Tedford the Playcaller: Part I," http://www.californiagoldenblogs.com/2009/4/7/824135/coach-tedford-the-playcaller-part-i.
10. Brian Burke, "Are NFL Coaches Too Timid?," http://archive.advancedfootballanalytics.com/2009/05/are-nfl-coaches-too-timid.html.
11. Chris Brown, "Smart Football," http://smartfootball.blogspot.com/2009/02/conservative-and-risky-football.html.
12. Greg Garber, "Chang Refused to Lose Twenty Years Ago," ESPN .com, May 20, 2009.
13. Ibid.
14. Steven Pye, "How Michael Chang Defeated Ivan Lendl at the French Open in 1989," *Guardian*, http://www.theguardian.com/sport/that-1980s-sports-blog/2013/may/21/michael-chang-ivan-lendl-french-open-1989.
15. Paul Gittings, "Chang's 'Underhand' Tactics Stunned Lendl and Made Tennis History," CNN, http://edition.cnn.com/2012/06/08/sport/tennis/tennis-chang-underhand-service-french-open-lin/index.html.
16. Ibid.
17. Pye, "How Michael Chang Defeated Ivan Lendl at the French Open in 1989."
18. Gittings, "Chang's 'Underhand' Tactics Stunned Lendl and Made Tennis History."
19. Pye, "How Michael Chang Defeated Ivan Lendl at the French Open in 1989."

Clinical Oncology 16 (1998): 1650-54.

10. Karlsson, Niklas, George Loewenstein, and Duane Seppi, "The Ostrich Effect: Selective Attention to Information," *Journal of Risk and Uncertainty* 38, no. 2 (2009): 95-15.
11. Ibid.
12. Emily Oster, Ira Shoulson, and E. Dorsey, "Optimal Expectations and Limited Medical Testing: Evidence from Huntington Disease," *American Economic Review* 103, no. 2 (2013): 804-30.
13. James R. Averill and Miriam Rosenn, "Vigilant and Nonvigilant Coping Strategies and Psychophysiological Stress Reactions During the Anticipation of Electric Shock," *Journal of Personality and Social Psychology* 23, no. 1 (1972): 128.
14. Paige Weaver, "Don't Torture Yourself," *Paige Weaver* (blog) April 20, 2013.
15. Kristin Cashore, *This Is My Secret* (blog), 2008.
16. "Dick Cheney's Suite Demands," *The Smoking Gun*, March 22, 2006, http://www.thesmokinggun.com/documents/crime/dick-cheneys-suite-demands.

《この章の参考文献》

Zentall, Thomas R., and Jessica Stagner. "Maladaptive Choice Behaviour by Pigeons: An Animal Analogue and Possible Mechanism for Gambling (Sub-Optimal Human Decision-Making Behaviour)." *Proceedings of the Royal Society B: Biological Sciences* 278, no. 1709 (2011): 1203-08.

Babu, Deepti. "Is Access to Predictive Genetic Testing for Huntington's Disease a Problem?" HD Buzz. April 23, 2013.

Blanchard, Tommy C., Benjamin Y. Hayden, and Ethan S. Bromberg-Martin. "Orbitofrontal Cortex Uses Distinct Codes for Different Choice Attributes in Decisions Motivated by Curiosity." *Neuron* (January 22, 2015).

■6　ストレスは判断にどんな影響を与えるか？（心の状態）

1. David K. Shipler, "More Schoolgirls in West Bank Fall Sick," *New York Times*, April 4, 1983.
2. Robert Sapolsky, *Stress and Your Body* (The Great Courses, 2013).

ment Learning Mechanism Responsible for the Valuation of Free Choice." *Neuron* 83, no. 3 (2014): 551-57.

■5 相手が本当に知りたがっていること（好奇心）

1. "How Virgin America Got Six Million People to Watch a Flight Safety Video Without Stepping on a Plane," Digital Synopsis, https://digitalsynopsis.com/advertising/virgin-america-safety-dance-video/.
2. Ed Felten, "Harvard Business School Boots 119 Applicants for 'Hacking' into Admissions Site, Freedom to Tinker, March 9, 2005; https://freedom-to-tinker.com/2005/03/09/harvard-business-school-boots-119-applicants-hacking-admissions-site/. Jay Lindsay, "College Admissions Sites Breached: Business Schools Reject Applicants Who Sought Sneak Peek," Associated Press, March 9, 2005.
3. Yael Niv and Stephanie Chan, "On the Value of Information and Other Rewards," *Nature Neuroscience* 14, no. 9 (2011): 1095.
4. Ibid.
5. Ethan S. Bromberg-Martin and Okihide Hikosaka, "Midbrain Dopamine Neurons Signal Preference for Advance Information About Upcoming Rewards," *Neuron* 63, vol. 1 (2009): 119-26. Ethan S. Bromberg-Martin and Okihide Hikosaka, "Lateral Habenula Neurons Signal Errors in the Prediction of Reward Information," *Nature Neuroscience* 14, no. 9 (2011): 1209-16.
6. R. L. Bennett, *Testing for Huntington Disease: Making an Informed Choice*, Medical Genetics (Seattle: University of Washington Medical Center).
7. Bettina Meiser and Stewart Dunn, "Psychological Impact of Genetic Testing for Huntington's Disease: An Update of the Literature," *Journal of Neurology, Neurosurgery and Psychiatry* 69, no. 5 (2000): 574-78.
8. Andrew Caplin and Kfir Eliaz, "AIDS Policy and Psychology: A Mechanism-Design Approach," *RAND Journal of Economics* 34, no. 4 (2003): 631-46.
9. C. Lerman, C. Hughes, S. Lemon, et al., "What You Don't Know Can Hurt You: Adverse Psychological Effects in Members of BRCA1-Linked and BRCA2-Linked Families Who Decline Genetic Testing," *Journal of*

22. Ibid.
23. Judith Rodin and Ellen J. Langer, "Long-Term Effects of a Control-Relevant Intervention with the Institutionalized Aged," *Journal of Personality and Social Psychology* 35, no. 12 (1977): 897.
24. Michael I. Norton, Daniel Mochon, and Dan Ariely, "The 'IKEA Effect': When Labor Leads to Love," Harvard Business School Marketing Unit Working Paper 11-091 (2011).
25. Raphael Koster et al., "How Beliefs About Self-Creation Inflate Value in the Human Brain," *Frontiers in Human Neuroscience* 9 (2015).
26. Daniel Wolpert, "The Real Reason for Brains," TED, http://www.ted.com/talks/Daniel_wolpert_the_real_reason_for_brains.
27. E. A. Patall, H. Cooper, and J. C. Robinson, "The Effects of Choice on Intrinsic Motivation and Related Outcomes: A Meta-Analysis of Research Findings," *Psychological Bulletin* 134, no. 2 (2008): 270.

《この章の参考文献》

Sharot, T., B. De Martino, and R. J. Dolan. "How Choice Reveals and Shapes Expected Hedonic Outcome." *Journal of Neuroscience* 29, no. 12 (2009): 3760–65. doi.org/10.1523/JNEUROSCI.4972-08.2009.

Sharot, T., T. Shiner, and R. J. Dolan. "Experience and Choice Shape Expected Aversive Outcomes." *Journal of Neuroscience* 30, no. 27 (2010): 9209–15. doi.org/10.1523/JNEUROSCI.4770-09.2010.

Sharot, T., C. M. Velasquez, and R. J. Dolan. "Do Decisions Shape Preference? Evidence From Blind Choice." *Psychological Science* 21, no. 9 (2010): 1231–35. doi.org/10.1177/0956797610379235.

Thompson, Suzanne C. "Illusions of Control: How We Overestimate Our Personal Influence." *Current Directions in Psychological Science* 8, no. 6 (1999): 187–90.

Langer, E., and J. Rodin. "The Effects of Choice and Enhanced Personal Responsibility for the Aged: A Field Experiment in an Institutional Setting." *Journal of Personality and Social Psychology* 34 (1976): 191–98.

Schulz, Richard. "Effects of Control and Predictability on the Physical and Psychological Well-Being of the Institutionalized Aged." *Journal of Personality and Social Psychology* 33, no. 5 (1976): 563.

Cockburn, Jeffrey, Anne G. E. Collins, and Michael J. Frank. "A Reinforce-

14, no. 10 (2010), 457-63.

10. L. A. Leotti and M. R. Delgado, "The Inherent Reward of Choice," *Psychological Science* 22, no. 10 (2011): 1310-18, doi.org/10.1177/0956797611417005. L. A. Leotti and M. R. Delgado, "The Value of Exercising Control over Monetary Gains and Losses," *Psychological Science* 25, no. 2 (2014): 596-604, doi.org/10.1177/0956797613514589.
11. N. J. Bown, D. Read, and B. Summers, "The Lure of Choice," *Journal of Behavioral Decision Making* 16, no. 4 (2003): 297.
12. Stephen C. Voss and M. J. Homzie, "Choice as a Value," *Psychological Reports* 26, no. 3 (1970): 912-14.
13. A. C. Catania and T. Sagvolden, "Preference for Free Choice Over Forced Choice in Pigeons, *Journal of the Experimental Analysis of Behavior* 34, no. 1 (1980): 77-86. A. C. Catania, "Freedom of Choice: A Behavioral Analysis," *Psychology of Learning and Motivation* 14 (1981): 97-145.
14. Bown et al., "Lure."
15. Sheena S. Iyengar and Mark R. Lepper, "When Choice Is Demotivating: Can One Desire Too Much of a Good Thing?," *Journal of Personality and Social Psychology* 79, no. 6 (2000): 995.
16. http://www.onemint.com/.
17. Manshu, "Why I Pick Stocks," *The Digerati Life*, April 28, 2009, http://www.thedigeratilife.com/blog/index.php/2009/04/28/pick-stocks-choosing-individual-stocks-mutual-funds/.
18. Laurent Barras, Olivier Scaillet, and Russ Wermers, "False Discoveries in Mutual Fund Performance: Measuring Luck in Estimated Alphas," *Journal of Finance* 65, no. 1 (2010): 179-216.
19. D. Owens, Z. Grossman, and R. Fackler, "The Control Premium: A Preference for Payoff Autonomy," *American Economic Journal: Microeconomics*, 6, no. 4 (2014): 138-61, doi.org/10.1257/mic.6.4.138.
20. Sebastian Bobadilla-Suarez, Cass R. Sunstein, and Tali Sharot, "The Intrinsic Value of Control: The Propensity to Under-Delegate in the Face of Potential Gains and Losses," *Journal of Risk and Uncertainty*.
21. D. H. Shapiro Jr., C. E. Schwartz, and J. A. Astin, "Controlling Ourselves, Controlling Our World: Psychology's Role in Understanding Positive and Negative Consequences of Seeking and Gaining Control," *American Psychologist* 51, no. 12 (1996): 1213.

15. Waleter Mischel, Yuichi Shoda, and Monica I. Rodriguez, "Delay of Gratification in Children," *Science* 244, no. 4907 (1989): 933–38.
16. Tali Sharot, *The Optimism Bias: A Tour of the Irrationally Positive Brain* (New York: Vintage, 2011).〔ターリ・シャーロット『脳は楽観的に考える』(斉藤隆央訳　柏書房)〕Matthew D. Lieberman, *Social: Why Our Brains Are Wired to Connect* (New York: Oxford University Press, 2013).
17. Celeste Kidd, Holly Palmeri, and Richard N. Aslin, "Rational Snacking: Young Children's Decision-Making on the Marshmallow Task Is Moderated by Beliefs About Environmental Reliability," *Cognition* 126, no. 1 (2013): 109–14.

■4　権限を与えて人を動かす（主体性）

1. Center for Disease Control and Prevention, "Leading Causes of Death," http://www.cdc.gov/nchs/fastats/leading-causes-of-death.htm.
2. "Phobia List: The Ultimate List of Phobias and Fears," http://www.fearof.net.
3. R. L. Langley, "Animal-Related Fatalities in the United States: An Update," *Wilderness and Environmental Medicine* 16 (2005): pp. 67–74.
4. Mark Borden, "Hollywood's Rogue Mogul: How Terminator Director McG Is Blowing Up the Movie Business," *Fast Company Magazine*, May 2009.
5. Harold Mass, "The Odds are 11 Million to 1 That You Die in Plane Clash," *The Week*, July 8, 2013, http://theweek.com/articles/462449/odds-are-11-million-1-that-youll-die-plane-crash.
6. Borden, "Hollywood's Rogue Mogul."
7. Chris Matthews, "Here's How Much Tax Cheats Cost the U.S. Government a Year," *Fortune*, April, 2016, http://fortune.com/2016/04/29/tax-evasion-cost.
8. C. P. Lamberton, J. E. De Neve, and M. I. Norton, "Eliciting Taxpayer Preferences Increases Tax Compliance," working paper, 2014; available at SSRN 2365751.
9. L. A. Leotti, S. S. Iyengar, and K. N. Ochsner, "Born to Choose: The Origins and Value of the Need for Control," *Trends in Cognitive Sciences*

Health 75, no. 8 (2013): 18-24.
4. Donna Armellino et al., "Using High-Technology to Enforce Low-Technology Safety Measures."
5. Armellino, Donna, et al. "Replicating Changes in Hand hygiene in a Surgical Intensive Care Unit with Remote Video Auditing and Feedback." *American Journal of Infection Control* 41.10 (2013): 925-927.
6. Jeremy Bentham, *An Introduction to the Principles of Morals and Legislation* (Oxford: Clarendon Press, 1879). 傍点は筆者。〔ジェレミイ・ベンサム『道徳および立法の諸原理序説』(『世界の名著 49　ベンサム　J・S・ミル』(関嘉彦責任編集　中央公論社)より。山下重一訳)〕
7. Wayne A. Hershberger, "An Approach Through the Looking-Glass," *Animal Learning & Behavior* 14, no. 4 (1986): 443-51.
8. Marc Guitart-Masip et al., "Action Controls Dopaminergic Enhancement of Reward Representations," *Proceedings of the National Academy of Sciences* 109, no. 19 (2012): 7511-16.
9. Ibid.
10. Alexander Genevsky and Brian Knutson, "Neural Affective Mechanisms Predict Market-Level Microlending," *Psychological Science* 26.9 (2015): 1411-1422.
11. S. H. Bracha, "Freeze, Flight, Fight, Fright, Faint: Adaptationist Perspectives on the Acute Stress Response Spectrum," *CNS Spectrums* 9, no. 9 (2004): 679-85. S. M. Korte, M. K. Jaap, J. C. Wingfield, and B. S. McEwen, "The Darwinian Concept of Stress: Benefits of Allostasis and Costs of Allostatic Load and the Trade-Offs in Health and Disease," *Neuroscience and Biobehavioral Reviews* 29, no. 1 (2005): 3-38.
12. A. E. Power and J. L. Mcgaugh, "Cholinergic Activation of the Basolateral Amygdala Regulates Unlearned Freezing Behavior in Rats," *Behavioural Brain Research* 134, nos. 1-2 (August 2002): 307-15.
13. Walter Mischel, Yuichi Shoda, and Philip K. Peake, "The Nature of Adolescent Competencies Predicted by Preschool Delay of Gratification," *Journal of Personality and Social Psychology* 54, no. 4 (1988): 687.
14. Joseph W. Kable and Paul W. Glimcher, "An 'As Soon as Possible' Effect in Human Intertemporal Decision Making: Behavioral Evidence and Neural Mechanisms," *Journal of Neurophysiology* 103, no. 5 (2010): 2513-31.

Evidence of Massive-Scale Emotional Contagion Through Social Networks," *Proceedings of the National Academy of Sciences* 111, no. 24 (2014): 8788-90.

16. E. Ferrara and Z. Yang, "Measuring Emotional Contagion in Social Media," *PLoS One* 10, no. 11 (2015): e0142390.
17. Steven Levy, "To Demonstrate the Power of Tweets, Twitter's Ad Researchers Turned to Neuroscience. Here's What Happened," backchannel.com, February 5, 2015, https://backchannel.com/this-is-your-brain-on-twitter-cac0725cea2b#.c6mw7aqfc
18. D. Kahneman, *Thinking, Fast and Slow* (New York: Macmillan, 2011). 〔ダニエル・カーネマン『ファスト&スロー　あなたの意思はどのように決まるか？』（村井章子訳　早川書房）〕
19. S. G. Barsade, "The Ripple Effect: Emotional Contagion and Its Influence on Group Behavior," *Administrative Science Quarterly* 47, no. 4 (2002), 644-75.
20. S. V. Shepherd, S. A. Steckenfinger, U. Hasson, and A. A. Ghazanfar, "Human-Monkey Gaze Correlations Reveal Convergent and Divergent Patterns of Movie Viewing," *Current Biology* 20 (2010): 649-56.
21. P. J. Whalen, J. Kagan, R. G. Cook, et al., "Human Amygdala Responsivity to Masked Fearful Eye Whites," *Science* 306, no. 5704 (2004): 2061.

■3　快楽で動かし、恐怖で凍りつかせる（インセンティブ）

1. "Surveillance for Foodborne Disease Outbreaks—United States, 1998-2008," *Morbidity and Mortality Weekly Report* 62, no. SS2 (June 2013). Dana Liebelson, "62 Percent of Restaurant Workers Don't Wash Their Hands After Handling Raw Beef," *Mother Jones*, December 13, 2013.
2. Armellino, Donna, et al. "Using High-Technology to Enforce Low-Technology Safety Measures: The Use of Third-Party Remote Video Auditing and Real-Time Feedback in Healthcare." *Clinical Infectious Diseases* (2011): cir773. Laura R. Green et al., "Food Worker Hand Washing Practices: An Observation Study," *Journal of Food Protection* 69, no. 10 (2006): 2417-23.
3. Carl P. Borchgrevink, Jaemin Cha, and SeungHyun Kim, "Hand Washing Practices in a College Town Environment," *Journal of Environmental*

5. Susan Cain, *Quiet: The Power of Introverts in a World That Can't Stop Talking* (New York: Broadway Books, 2013), 〔スーザン・ケイン『内向型人間の時代　社会を変える静かな人の力』(古草秀子訳　講談社)〕 https://www.ted.com/talks/susan_cain_the_power_of_introverts.
6. R. Schmalzle, F. E. Hacker, C. J. Honey and U. Hasson, "Engaged Listeners: Shared Neural Processing of Powerful Political Speeches," *Social Cognition and Affective Neuroscience* 10, no. 8 (August 2015): 1137-43.
7. U. Hasson, Y. Nir, I. Levy, G. Fuhrmann, and R. Malach, (2004) "Intersubject Synchronization of Cortical Activity During Natural Vision," *Science* 303 (2014): 1634-40.
8. Lauri Nummenmaa, et al., "Emotions Promote Social Interaction by Synchronizing Brain Activity Across Individuals," *Proceedings of the National Academy of Sciences* 109, no. 24 (2012): 9599-9604.
9. U. Hasson, A. A. Ghazanfar, B. Galantucci, S. Garrod, and C. Keysers, "Brain-to-Brain Coupling: Mechanism for Creating and Sharing a Social World," *Trends in Cognitive Sciences* 16, no. 2 (2012):114-21.
10. U. Hasson, "I Can Make Your Brain Look Like Mine," *Harvard Business Review* 88 (2010): 32-33.
11. G. J. Stephens, L. J. Silbert, and U. Hasson, "Speaker-Listener Neural Coupling Underlies Successful Communication," *Proceedings of the National Academy of Sciences* 107, no. 32 (2010): 14425-30.
12. Lauri Nummenmaa, Lauri, "Emotional Speech Synchronizes Brains Across Listeners and Engages Large-Scale Dynamic Brain Networks," *Neuroimage* 102 (2014): 498-509. Nummenmaa, "Emotions Promote Social Interaction by Synchronizing Brain Activity Across Individuals," TK.
13. L. Nummenmaa, J. Hirvonen, R. Parkkola, and J. K. Hietanen, "Is Emotional Contagion Special? An fMri Study on Neural Systems for Affective and Cognitive Empathy," *Neuroimage* 43, no. 3 (2008), 571-80. S. G. Shamay-Tsoory, "The Neural Bases for Empathy," *Neuroscientist* 17, no.1 (2011): 18-24.
14. S. F. Waters, T. V. West, and W. B. Mendes, "Stress Contagion Physiological Covariation Between Mothers and Infants" *Psychological Science* 25, no. 4 (2014): 934-42.
15. A. D. Kramer, J. E. Guillory, and J. T. Hancock, J. T., "Experimental

Sharot, "Motivational Blindness in Financial Decision-Making," 2014 annual meeting of the Society for Neuroeconomics, Miami, FL.

20. Sarah Rudorf, and Bernd Weber, Camelia M. Kuhnen, "Stock Ownership and Learning from Financial Information," 2014 meeting of the Society for Neuroeconomics, Miami, FL.
21. A. J. Wakefield, S. H. Murch, A. Anthony, et al., "Retracted: Ileal-Lymphoid-Nodular Hyperplasia, Non-Specific Colitis, and Pervasive Developmental Disorder in Children, *Lancet* 351, no. 9103 (1998): 637-41.
22. Susan, Dominus, "The Crash and Burn of an Autism Guru," *New York Times*, April 20, 2011.
23. F. Godlee, J. Smith, and H. Marcovitch, "Wakefield's Article Linking MMR Vaccine and Autism Was Fraudulent," *BMJ* 342 (2011): C7452.
24. Z. Horne, D. Powell, J. E. Hummel, and K. J. Holyoak, K. J., "Countering Antivaccination Attitudes," *Proceedings of the National Academy of Sciences* 112, no. 33 (2015): 10321-24.

■2　ルナティックな計画を承認させるには？（感情）

1. "John F. Kennedy Moon Speech—Rice Stadium," NASA, http://er.jsc.nasa.gov/seh/ricetalk.htm.
2. https://en.wikipedia.org/wiki/We_choose_to_go_to_the_Moon; Jesus Diaz, May 25, 2011, http://gizmodo.com/5805457/kennedys-crazy-moon-speech-and-how-we-could-have-landed-on-the-moon-with-the-soviets; Mike Wall, "The Moon and Man at 50: Why JFK Space Exploration Speech Still Resonates," Space.com, May 25, 2011, http://www.space.com/11774-jfk-speech-moon-exploration-kennedy-congress-50years.html; Mike Wall, "Moon Speech Still Resonates 50 Years Later," Space.com, September 12, 2012, http://www.space.com/17547-jfk-moon-speech-50years-anniversary.html; Excerpt from the Special Message to the Congress on National Needs, https://www.nasa.gov/vision/space/features/jfk speechtext.html#.Vx06MXoXLnY.
3. "John F. Kennedy Moon Speech."
4. Excerpt from the Special Message to the Congress on National Needs, https://www.nasa.gov/vision/space/features/jfkspeechtext.html#.Vx06MXoXLnY.

can Journal of Psychology 6 (2004): 431–44. Guy A. Boysen, and David L. Vogel, "Biased Assimilation and Attitude Polarization in Response to Learning about Biological Explanations of Homosexuality," *Sex Roles* 57, nos. 9–10 (2007): 755–62.

6. Cass R. Sunstein, S. Bobadilla-Suarez, S. Lazzaro, and Tali Sharot, "How People Update Beliefs About Climate Change: Good News and Bad News," *Cornell Law Review* (2017) TK. Tali Sharot and Cass R. Sunstein, "Why Facts Don't Unify Us," *New York Times*, September 2, 2016.
7. Sharot and Sunstein, "Why Facts Don't Unifty Us."
8. Albert Henry Smyth, *The Writings of Benjamin Franklin*, vol. 10, *1789–1790* (New York: Macmillan, 1907), p. 69; Daniel Defoe, *The Political History of the Devil* (Joseph Fisher, 1739).
9. Amy Hollyfield, "For True Disbelievers, the Facts Are Just Not Enough," *St. Petersburg Times*, June 29, 2008.
10. Opinion poll carried out for Daily Kos by Research 2000, July 2009.
11. NBC News, 2010.
12. "Dave Asprey Recipe: How to Make Bulletproof Coffee…and Make Your Morning Bulletproof Too," 2010, https://www.bulletproofexec.com.
13. Kris Gunnars, "Three Reasons Why Bulletproof Coffee Is a Bad Idea," Authority Nutrition; https://authoritynutrition.com/3-reasons-why-bulletproof -coffee -is-a-bad-idea/.
14. Danny Sullivan, "Google Now Notifies of 'Search Customization' and Gives Searchers Control," 2008, http://searchengineland.com/google-now-notifies-of-search-customization-gives-searchers-control-14485.
15. Ibid.
16. Peter C. Wason, "On the Failure to Eliminate Hypotheses in a Conceptual Task," *Quarterly Journal of Experimental Psychology*, 12, no. 3 (1960): 129–40.
17. D. M. Kahan, E. Peters, E. C. Dawson, and P. Slovic, "Motivated Numeracy and Enlightened Self-Government," Yale Law School, Public Law Working Paper, no. 307 (2013).
18. Hugo Mercier and Dan Sperber, "Why Do Humans Reason? Arguments for an Argumentative Theory," *Behavioral and Brain Sciences* 34, no. 2 (2011): 57–74.
19. Andreas Kappes, Read Montague, Ann Harvey, Terry Lohrenz, and Tali

註

■はじめに――馬用の巨大注射針

1. "CNN Reagan Library Debate: Later Debate Full Transcript," September 16, 2015, http://cnnpressroom.blogs.cnn.com/2015/09/16/cnn-reagan-library-debate-later-debate-full-transcript/.
2. Diana I. Tamir and Jason P. Mitchell, "Disclosing Information About the Self Is Intrinsically Rewarding," *Proceedings of the National Academy of Sciences* 109, no. 21 (2012).
3. https://en.wikipedia.org/wiki/Climate_change_opinion_by_country.

■1　事実で人を説得できるか？（事前の信念）

1. See E. Berscheid, K. Dion, E. Hatfield, and G. W. Walster, "Physical Attractiveness and Dating Choice: A Test of the Matching Hypothesis," *Journal of Experimental Social Psychology* 7 (1971): 173–89. T. Bouchard Jr. and M. McGue, "Familial Studies of Intelligence: A Review," *Science* 212 (May 29, 1981): 1055–59. D. M. Buss, "Human Mate Selection," *American Scientist* 73 (1985): 47–51. S. G. Vandenberg, "Assortative Mating, or Who Marries Whom?," *Behavior Genetics* 11 (1972): 1–21.
2. Martha McKenzie-Minifie, "Where Would You Live in Europe?," *EUobserver*, December 2014.
3. internetstatslive .com
4. Charles G. Lord, Lee Ross, and Mark R. Lepper. "Biased Assimilation and Attitude Polarization: The Effects of Prior Theories on Subsequently Considered Evidence," *Journal of Personality and Social Psychology* 37, no. 11 (November 1979): 2098–2109.
5. J. W. McHoskey, "Case Closed? On the John F. Kennedy Assassination: Biases Assimilation of Evidence and Attitude Polarization," *Basic and Applied Social Psychology* 1 (1985): 395–409. G. D. Munro, S. P. Leary, and T. P. Lasane, "Between a Rock and a Hard Place: Biased Assimilation of Scientific Information in the Face of Commitment," *North Ameri-*

【タ】

「タイムマシーンにお願い」 157
宝くじの売上 178
タンス預金 111
チェイニー、ディック 154
地球温暖化 14, 23, 95
知識のギャップ 132
チャン、マイケル 170
中脳 81, 138
ツイッター 12, 28, 60, 132, 138, 194
手洗い 69, 70, 89
ディシック、メイソン 186
デフォー、ダニエル 25
デルガード、マウリチオ 109
天安門事件 173
電気ショックの実験 87, 150
トランプ、ドナルド 9
トルチャンチ 184

【ナ】

ニューロン 8, 54, 137, 143, 202, 240, 249
　ドーパミン―― 138, 202
人間体温計 213
妊娠検査薬 135
認知神経科学 20
ヌメンマー、ラウリ 55
脳 8, 19, 33, 81, 94, 125, 143, 238
　――のカップリング 53
　――の同期 47, 50, 64

【ハ】

バイアス 79, 216, 222
　確証―― 29, 30, 33
　平等―― 228
バレンタインデー 204
バンデューラ、アルバート 189, 202
彦坂興秀 136
ヒューリスティック 228
病気の検査 144, 149
ヒヨコ 77
ファウラー、ジェイムズ 186
フィードバック 71, 79, 95, 121
フェイスブック 28, 60, 130, 194, 196, 217
ブーメラン効果 24, 33
フランクリン、ベンジャミン 25
ブロムバーグ=マーティン、イーサン 132, 136-9, 141
ベストセラー会議 214, 220
ベンサム、ジェレミイ 72
扁桃体 51, 65, 87, 176, 198
　インターネットの―― 60
報酬中枢 13, 84
ボボ人形 189, 202

【マ】

マシュマロ・テスト 90, 93
マックG 101
昔の恋人 146, 152
メルロー 189

【ヤ・ラ・ワ】

有人月探査計画 45
ユーチューブ 20, 130
レビュー 193, 196, 207
老人介護施設 118
ローリング、J・K 210
ワクチン 9, 14, 39

索　引

【A】
9.11　159
iphone　185
think different　187

【ア】
アイエンガー、シーナ　110
アデリーペンギン　200
イケア効果　122
インスタグラム　12, 29
インセンティブ　69, 89
エゴサーチ　153
オバマ、バラク　13, 23, 26
親子の感情伝達　57

【カ】
海馬　51, 199, 248
回避の法則　75
カーネマン、ダニエル　61
株　37, 113-4, 147, 206
記憶の改変　197
機内安全ビデオ　129, 141
恐怖症　99
グーグル　20, 25, 138, 154
クーネン、カメリア　37
クラウドファンディング　83
クリスタキス、ニコラス　186
経済問題　35
ケイン、スーザン　48, 52
結婚生活　17, 24, 43
ケネディ、J・F　45, 240
ケネディ、フィル　243
心の中の賢い群衆　219, 224
心の理論　204
子供の命名　181
ゴー反応　81, 89, 91
ゴルトン、フランシス　212
コントロール　11, 103-5, 108-22, 126

【サ】
サンスティーン、キャス　23, 115
ジェイムズ、マーロン　209
死刑の是非　22
事前の信念　24, 34, 41
自閉症　9, 39
社会的学習　37, 184, 189, 193, 227
銃規制　31
集団ヒステリー　159
ジョブズ、スティーブ　13
死んだふり　87
スニーカー実験　124
スロウィッキー、ジェームズ　212
スロットマシン　142
税金　105, 120
　死と――　25
政治的判断　28
接近の法則　75, 78, 79
全員一致　209
線条体　81, 109, 138, 202
選択　109, 111
　他人の――　191
前頭葉　81, 138, 177, 199, 205, 239, 248
即時性　75, 88
側頭葉　199
「続・夕陽のガンマン」 50
ソーシャル・フィードバック・ループ 29

ターリ・シャーロット（Tali Sharot）
ユニバーシティ・カレッジ・ロンドン教授（認知神経科学）、同大学「アフェクティブ・ブレイン・ラボ」所長。意思決定、感情、影響の研究に関する論文を、ネイチャー、サイエンス、ネイチャー・ニューロサイエンス、サイコロジカル・サイエンスなど多数の学術誌に発表。神経科学者になる前は金融業界で数年間働き、イスラエル空軍で兵役も務めた。現在は、夫と子供たちとともにロンドンとボストンを行き来する生活を送っている。主な著作に『脳は楽観的に考える』（斉藤隆央訳　柏書房）がある。

上原直子（うえはら・なおこ）
翻訳家。桐朋学園芸術短期大学演劇専攻を卒業。主な訳書にボガード『本当の夜をさがして』、フィンレイソン『そして最後にヒトが残った』（ともに白揚社）、ウェルズ『旅する遺伝子』（英治出版）、クレイソンほか『オノ・ヨーコという生き方』（ブルースインターアクションズ）、セッチフィールド『世界一恐ろしい食べ物』（エクスナレッジ）がある。

THE INFLUENTIAL MIND: What the Brain Reveals About Our Power to Change Others by Tali Sharot
Copyright © 2017 by Tali Sharot
Japanese translation rights arranged with Tali Sharot c/o Conville & Walsh Limited, London through Tuttle-Mori Agency, Inc., Tokyo.

ISBN 978-4-8269-0213-7

事実《じじつ》はなぜ人《ひと》の意見《いけん》を変《か》えられないのか

二〇一九年 八 月三〇日 第一版第一刷発行
二〇一九年一二月三一日 第一版第六刷発行

著 者 ターリ・シャーロット
訳 者 上原直子《うえはらなおこ》
発行者 中村幸慈
発行所 株式会社 白揚社 © 2019 in Japan by Hakuyosha
〒101-0062 東京都千代田区神田駿河台1-7
電話(03)5281-9772 振替00130-1-25400
装 幀 岩崎寿文
印 刷 中央印刷株式会社
製 本 牧製本印刷株式会社

レン・フィッシャー著　松浦俊輔訳

群れはなぜ同じ方向を目指すのか？

群知能と意思決定の科学

リーダーのいない群集はいかに進む方向を決めるのか？　渋滞を避ける最も効率的な手段は？損をしない買い物の方法とは？アリの生存戦略から人間の集合知まで〈群れ〉と〈集団〉に関わる科学を解説。　四六判　312ページ　本体価格2400円

ダニエル・ネトル著　竹内和世訳

パーソナリティを科学する

特性5因子であなたがわかる

簡単な質問表で特性5因子（外向性、神経質傾向、誠実性、調和性、開放性）を計り、パーソナリティを読み解くビッグファイブ理論。その画期的な新理論を科学的に検証する。パーソナリティ評定尺度表付。　四六判　280ページ　本体価格2800円

ポール・ブルーム著　高橋洋訳

反共感論

社会はいかに判断を誤るか

無条件に肯定されている共感に基づく考え方が、実は公正を欠く政策から人種差別まで、様々な問題を生み出している。心理学・脳科学・哲学の視点からその危険な本性に迫る、全米で物議を醸した衝撃の論考。　四六判　318ページ　本体価格2600円

デイヴィッド・デステノ著　寺町朋子訳

信頼はなぜ裏切られるのか

無意識の科学が明かす事実

〈信頼〉に関する私たちの常識は間違いだらけ。どうすれば裏切られないようになるのか？　信頼できるか否かを予測できるようになるのか？　誰もが頭を悩ますこれらの疑問に、信頼研究の第一人者が答える。　四六判　302ページ　本体価格2400円

ポール・レイバーン著　東竜ノ介訳

父親の科学

見直される男親の子育て

父親は本当に必要なのか？　これまで見過ごされがちだった男親の育児を科学の視点で徹底検証。最新の研究成果が明かす〈意外にすごい〉お父さんの実力。マムズ・チョイス・アワード、全米育児出版賞金賞。　四六判　288ページ　本体価格2400円

経済情勢により、価格に多少の変更があることもありますのでご了承ください。
表示の価格に別途消費税がかかります。